Contrasts Insuffisant

NF Z 43-120-14

THÈSE

POUR

LE DOCTORAT

THÈSE

POUR

LE DOCTORAT.

A LA MÉMOIRE DE MA MÈRE.

———

A mon Père.

———

A MA FAMILLE.

———

A mes Amis.

UNIVERSITÉ DE FRANCE. — ACADÉMIE DE RENNES.

Faculté de Droit.

THÈSE POUR LE DOCTORAT.

DROIT ROMAIN

DE L'APPEL CIVIL.

DROIT FRANÇAIS

DE LA COMPÉTENCE DES COURS IMPÉRIALES EN MATIÈRE CIVILE ET COMMERCIALE.

Cette thèse sera soutenue le mardi 23 juillet 1867, à deux heures,

PAR

M. LÉON (HYACINTHE-MARIE) RAVENEL,

Avocat à la Cour Impériale de Rennes,

Né à Rennes, le 25 novembre 1843.

Examinateurs :

MM. BODIN, *doyen;* HUE, GOUGEON, *professeurs;*
THOMAS, GAVOUYÈRE, *agrégés.*

RENNES

IMPRIMERIE DE CH. CATEL ET Cⁱᵉ,

rue du Champ-Jacquet.

1867.

DROIT ROMAIN

DE L'APPEL CIVIL.

L'appel acquit à Rome une importance des plus considérables, et la seule inspection des documents juridiques qui nous sont parvenus suffit à nous le démontrer.

Mais comment l'appel s'introduisit-il dans la législation romaine? Sous quelle influence fut-il adopté à l'origine? C'est ce qu'on ne saurait nettement préciser. Il semble toutefois que le principe dut être consacré sans secousse, sans discussion, et que chacun en reconnut tout d'abord la nécessité. Déjà les Égyptiens, déjà les Hébreux en avaient fait l'application : à Sparte, à Athènes, le peuple prononçait en souverain juge sur toutes les affaires... et l'exemple fut imité.

Quoi, d'ailleurs, de plus logique et de plus naturel?

Le juge n'a point pour unique mission de maintenir la paix et le bon ordre, ses sentences ne sont pas seulement destinées à mettre au plus vite un terme aux contestations et aux différends, dût l'équité en souffrir et en recevoir des atteintes manifestes. Le but à atteindre, c'est la vérité : ce qu'il faut avant tout chercher, c'est le juste, et ce qu'il faut éviter, c'est l'injuste. Or, n'est-

il pas vrai, — là est toute la question, — n'est-il pas
vrai que l'appel tend à ce résultat, qu'il offre des chances
sérieuses de perfectionnement dans les décisions judiciaires? Chacun sait avec quelle merveilleuse sagacité
l'homme découvre les erreurs de son semblable, combien
il excelle dans l'art de contrôler et de critiquer les
œuvres d'autrui : c'est même aujourd'hui un axiome
suranné..... Chargé de réviser et d'apprécier l'opinion
d'un premier magistrat, le second juge apportera dans
son travail une perspicacité, un zèle tout exceptionnels.
Il se surpassera lui-même, et sans avoir peut-être plus de
connaissance que son devancier, il se montrera souvent
supérieur à lui, — à en juger du moins par la décision
qu'il formulera.

L'affaire, du reste, n'aura-t-elle pas été déjà élucidée,
simplifiée, dégagée de tout ce qui contribuait à l'obscur-
cir? Les premiers travaux ne seront-ils pas d'un puissant
secours pour celui qui se livrera de nouveau à l'examen
de la cause?

D'un autre côté, il faut bien le reconnaître, les premiers juges, qui vivent au milieu des justiciables, peuvent
se laisser entraîner à des sentiments de haine ou de
sympathie, excusables parfois, mais toujours regrettables
dans l'intérêt de la justice. Plus éloignés des plaideurs
qu'ils connaîtront rarement, les magistrats saisis sur appel seront à l'abri de toute prévention, de toute passion ;
et c'est encore là une garantie.

Objectera-t-on que l'appel, en mettant en question
l'efficacité d'une sentence, diminuera fatalement le res-
pect qu'elle inspirait, que l'autorité des sentences judiciaires en sera amoindrie? Mais on pourrait soutenir
avec plus de raison que cette autorité en sera augmentée
au contraire : car, on l'a demandé à juste titre, n'est-

ce pas l'erreur, n'est-ce pas l'iniquité qui principalement sont de nature à discréditer un jugement et un juge? Si l'appel nous offre des chances sérieuses d'amélioration, il est bon, il est sage de l'adopter : stimulés par l'émulation, désireux de voir leur solution confirmée, les premiers juges apporteront à leur tâche un soin particulier, et, en présence de ces efforts et des succès mérités qu'ils obtiendront, la déférence publique ne pourra qu'accroître chaque jour.

Les Romains ont-ils partagé cette confiance? étaient-ils convaincus du mérite de l'appel? — Le nombre des dispositions qu'ils lui ont consacrées nous porte à le croire, et ce serait mal interpréter la pensée d'Ulpien que de voir dans la loi 1, *De l'Appel*, au Digeste, une protestation contre ce mode de recours : « Appellandi usus « quam sit frequens, quamque necessarius, nemo est, « qui nesciat : quippe cum iniquitatem judicantium vel « imperitiam corrigat, licet nonnunquam bene latas sen-« tentias in pejus reformet : neque enim utique melius « pronuntiat, qui novissimus sententiam laturus est. » Sans doute, l'hypothèse que prévoit le jurisconsulte pourra se réaliser : parfois, la première décision sera préférable à la seconde, mais ce ne peut être qu'exceptionnellement, et l'on peut dire d'une manière générale que l'appel est une garantie sérieuse ayant pour elle toutes les prévisions et toutes les probabilités. Ulpien le comprenait bien ainsi, car son premier soin est de proclamer l'utilité, la nécessité même de l'institution : s'il limite sa pensée, c'est pour la mieux préciser, et s'il parle de l'exception, c'est pour mieux faire ressortir le principe.

Cela dit, voyons ce qu'était l'appel à Rome.

Deux époques sont à distinguer : celle qui précéda l'empire et l'époque de l'empire.

CHAPITRE I.

AVANT L'EMPIRE.

Dès l'origine, l'appel fut consacré... Ce n'est pas que tout d'abord il ait été connu avec les caractères multiples que nous lui attribuons aujourd'hui ; mais le principe, du moins, fut adopté.

Nous n'avons que des données très-vagues et très-incertaines sur les premiers siècles de Rome, surtout en ce qui concerne l'administration de la justice.

Le roi, qui était élu par les praticiens, fut en même temps le premier magistrat et le premier général. De lois écrites, il n'y en avait probablement pas, et il appartenait au souverain de juger selon son équité, ou plutôt suivant un droit d'usage qui tous les jours variait avec les nouveaux besoins. « Initio civitatis nostræ, dit Pom-« ponius, populus sine lege certâ, sine jure certo primum « agere instituit, omniaque manu à regibus gubernaban-« tur. » (1) Mais si nous en croyons Tite-Live (2), Sénèque (3) et Cicéron (4), on put appeler de la sentence royale devant le peuple, au moins dans les affaires criminelles. Peut-être en était-il de même en matière civile, peut-être aussi existait-il, sous les ordres du roi, divers

(1) L. 2. § 1, *De orig. jur.*
(2) 1, 26.
(3) Ep. 108, 31.
(4) *De rep.*, II, 31.

magistrats chargés de prendre part à l'administration de
la justice, et dont les sentences étaient susceptibles de
recours.....

Sous la république, et grâce aux efforts constants des
plébéiens, nous voyons les lois se formuler et prendre un
caractère moins indécis. Le droit d'appel figure au nombre des priviléges dont le peuple se montre le plus justement jaloux. En vain les décemvirs veulent le lui ravir :
« Placuit creari decemviros sinè provocatione; » (1) une
révolution éclate, renverse les décemvirs..... Puis, retirés
sur le mont Sacré, les plébéiens réclament énergiquement : « Potestatem enim tribunitiam, provocationemque
« repetebant, quæ antè decemviros creatos auxilia plebis
« fuerant. » (2)

Mais qu'était au juste l'appel à cette époque?

Dans les affaires criminelles, la *provocatio ad populum*
existait toujours; mais en matière civile, une réponse
catégorique serait peut-être difficile à donner, car tous
les doutes ne sont pas dissipés. Voici cependant l'opinion
qu'a formulée Zimmern (3), et qui est aujourd'hui com-
munément adoptée.

Aucun juge n'avait à Rome pouvoir de réformer la
décision émanée d'un autre juge en la remplaçant par
une décision qui lui fût propre. Tous créés par le peuple,
investis par le peuple, les magistrats étaient considérés
comme ayant individuellement une délégation complète
du pouvoir souverain, attribut de la nation. Cette simili-
tude de position devait exclure toute idée de subordination entre les différents dépositaires de l'autorité judi-

(1) Tit.-Liv., lib. 3, cap. 32.
(2) Tit.-Liv., lib. 3, cap. 53.
(3) *Traité des actions chez les Rom.* Trad. Étienne. p. 190 et suiv.

ciaire : chacun jugeait en dernier ressort. — A la vérité, l'on distinguait bien les magistrats supérieurs (consuls, préteurs...), et les magistrats inférieurs (édiles, questeurs...); mais cette terminologie n'indiquait aucune hiérarchie, « cette distinction, comme le dit M. Bonjean (1),
« se référait seulement à des différences dans la nature
« des fonctions, dans leur importance, dans les honneurs
« qui y étaient attachés, et nullement à l'idée d'une
« subordination hiérarchique, qui aurait soumis les actes
« des fonctionnaires inférieurs au contrôle et à la censure
« de ceux d'un rang plus élevé. »

L'appel, en tant que moyen de faire remplacer un jugement par un autre, n'existait donc pas. Voici ce qui en tenait lieu dans une certaine mesure.

Chaque magistrat, revêtu de l'*imperium*, c'est-à-dire du droit de faire exécuter ses sentences, pouvait, en vertu d'un ancien principe politique, opposer son *veto* à la décision rendue par un magistrat qui, d'après la division que nous examinions tout-à-l'heure, était qualifié son égal ou son inférieur. Celui qui avait à se plaindre d'une sentence pouvait donc en appeler, réclamer l'*intercessio*, et le *veto* avait pour effet d'empêcher l'exécution. Mais, comprenons-le, cet effet était purement négatif, puisque le *veto* anéantissait une décision en lui enlevant toute sa force, sans y substituer une décision nouvelle.

Généralement c'était aux tribuns du peuple que l'on s'adressait dans les affaires judiciaires. Réunis en collége, les tribuns écoutaient les parties et décidaient s'il y avait lieu d'user de leur *jus intercedendi*; chacun d'eux avait même le droit d'émettre un *veto* (2).

---

(1) *Traité des actions*, liv. 1, chap. I, § 21.
(2) Tit.-Liv., XXXVIII, 60. — Aul. Gell., VII, 19.

Dans les provinces, on appelait devant le proconsul ou le propréteur des décisions émanées des magistrats inférieurs ; mais là encore nous ne trouvons rien autre chose qu'une *intercessio*.

CHAPITRE II.

SOUS L'EMPIRE.

De cette époque date le développement de l'appel en matière civile.

L'empereur, investi de tous les pouvoirs, à la fois consul, tribun, préteur..., etc., délégua une partie de son autorité aux divers magistrats qui furent chargés de rendre la justice, et cette délégation partielle, proportionnée, fonda une véritable hiérarchie. Il y eut désormais des degrés distincts de juridiction.

Ce n'est pas tout : la *provocatio* ou *appellatio* devint un moyen de recours plus précieux qu'il ne l'avait jamais été, car, en réformant la sentence du juge inférieur, le juge d'appel put créer à nouveau et substituer son opinion à la première. — Cette innovation, qui est attribuée à Auguste (1), fut, au dire des commentateurs, formulée dans la loi *Julia judiciaria*.

Dans le but de simplifier notre étude, nous subdiviserons ce chapitre en deux sections. Dans la première, nous verrons ce qu'était l'appel avant Dioclétien, et, dans la seconde, nous examinerons les principales modifications qui furent édictées par Dioclétien et ses successeurs.

(1) Suétone, *Octav.*, 33 ; — Caligula, 16 ; — Néro, 17 ; — Tacit., *Annal.*, XIV, 23.

SECTION I.

ÉPOQUE ANTÉRIEURE A DIOCLÉTIEN.

I. — Quelles décisions étaient susceptibles d'appel?

Pour qu'une décision fût, sous la jurisprudence classique, susceptible d'appel, elle devait en premier lieu réunir toutes les qualités constitutives de la *sententia*, et en second lieu avoir été, si nous osons employer cette expression, rendue en premier ressort.

Notre droit français exige, il est vrai, le concours des deux mêmes conditions; mais des différences nombreuses et capitales séparent les deux législations.

a. — *Il faut qu'il y ait* sententia *ou* jugement.

Le plus ordinairement, le magistrat auquel s'adressaient les parties renvoyait le procès devant un *judex* chargé d'y mettre fin par la *sententia*. Le rôle du magistrat se bornait alors à rédiger une formule d'action qui instituait le *judex*, déterminait les questions que celui-ci aurait à résoudre et les principes de droit qu'il devait appliquer, qui enfin traçait hypothétiquement la condamnation à prononcer et conférait à cet égard des pouvoirs tantôt limités, tantôt illimités.

Dans quelques cas, notamment en matière de fidéicommis, de restitutions en entier, d'envois en possession de biens... le magistrat statuait lui-même sur le fond et sans renvoi au *judex*.

Dans cette dernière hypothèse, sa décision constituait

un véritable jugement, puisque seule elle terminait le litige. Appel pouvait donc en être interjeté. — De même pour la *sententia* du *judex* qui tranchait la contestation; mais *quid* de la formule délivrée par le magistrat? Pouvait-elle faire l'objet d'un appel? Cette formule avait, on ne peut le nier, une importance capitale au procès; elle en était, on l'a dit avec raison, le grand critérium, et, dans sa rédaction, les magistrats apportaient un soin tout particulier, ne craignant pas de consulter à ce sujet les plus habiles jurisconsultes de leur temps. Mais elle ne tranchait pas le débat; elle ne constituait pas un jugement, puisqu'elle ne faisait que le préparer; et dès lors on ne pouvait la frapper d'appel (1).

— Peu importait, du reste, que le jugement fût avant dire droit ou définitif; et, dans l'origine, aucune différence ne distingua les deux hypothèses : « Antè senten-« tiam appellari potest si quæstionem in civili negotio « habendam judex interlocutus sit. »

Dans tous les cas, il était nécessaire que le jugement pût être qualifié *justum*, en autres termes, qu'il présentât toutes les formes essentielles à son existence. C'est ainsi qu'il devait être motivé, lu à haute voix et publiquement; sans quoi, considéré comme nul *ab initio*, il ne pouvait produire aucun effet, et il n'était même pas besoin de se pourvoir contre lui pour en empêcher l'exécution. — Bien mieux : s'il ordonnait quelque chose d'impossible, s'il laissait dans l'incertitude l'objet de la condamnation, s'il émanait d'un juge incompétent ou s'il violait manifestement la loi, il pouvait encore être réputé *injustum* et l'appel devenait inutile.

Cette règle si étendue, qui du reste date des premiers

______

(1) L. 2, *De appel. recip. vel non*, D.

temps de Rome, explique suffisamment pourquoi les Romains tardèrent à développer le système de l'appel proprement dit.

— Au point de vue de l'appel, le droit français a assimilé les sentences d'arbitres à de véritables jugements : en était-il de même dans le droit romain? Non, car la sentence arbitrale ne pouvait obtenir la force et l'autorité de la chose jugée : « Ex compromisso judex sumptus rem judicatam non facit (1). » — « Ex sententia arbitri..... appellari non posse sæpe rescriptum est, quia nec judicati actio inde præstari potest (2). » Les parties n'étaient pas tenues d'exécuter directement la décision de l'arbitre; elles étaient seulement obligées de payer une somme, une peine, qui était stipulée dans le compromis, c'est-à-dire dans la convention par laquelle elles nommaient des arbitres pour juger leur différend.

b. — Il faut que la décision soit en premier ressort.

L'on chercherait vainement dans la législation romaine les traces du système qu'établit notre Code pour déterminer les limites de la compétence des divers tribunaux.

L'importance de la demande n'avait, en effet, aucune influence sur la fixation du ressort, et, alors même qu'il s'agissait d'un intérêt minime, l'appel était admissible.

Ulpien nous apprend toutefois (3) que si une personne avait été poursuivie « *cum unâ actione, quæ plures species in se habeat,* » et si elle avait été condamnée à payer plusieurs sommes d'argent, il lui était permis d'ap-

(1) Paul, *Sentenc.* V, 5, § 1.
(2) L. 1, *De receptis.* C.
(3) L. 10, § 1, *De appel.*, D.

peler devant l'empereur, — pourvu que les différentes sommes réunies atteignissent le taux de la juridiction impériale, chacune d'elles, prise isolément, lui fût-elle inférieure. De là, il résulte clairement que la valeur du litige était prise en considération lorsque l'appel devait être porté devant l'empereur; mais il résulte aussi que, contrairement aux principes français, l'on s'attachait uniquement au *quantum* de la condamnation et non pas au *quantum* de la demande.

Voici quel était le système romain :

En principe, tout jugement était réputé en premier ressort, et ce n'était qu'exceptionnellement et dans des cas fort rares qu'il était à l'abri de l'appel :

Lorsque, par exemple, il émanait de l'empereur, qui, considéré comme le chef de la magistrature, comme le centre suprême de la justice, devait échapper à tout contrôle.

Lorsque l'affaire était d'une nature urgente et réclamait une prompte solution, — en matière d'interdits, d'ouverture de testament, d'envoi en possession d'héritier... (1)

La nécessité de ne pas laisser en suspens des intérêts aussi pressants avait fait sentir le besoin de cette exception. — C'est dans le même ordre d'idées que les appels, qui manifestement avaient pour but unique de retarder la marche des débats et d'entraver le cours de la justice, furent déclarés irrecevables : « Moratorias appellationes recipi non placuit (2). » La législation romaine, qui sacrifiait si peu aux vaines théories, tenait avant tout à protéger les intérêts des plaideurs de bonne foi, en empêchant qu'on éternisât les procès.

_____

(1) L. 7, *De appel. récip.*, D. — Paul, *Sentent.* V., 34, § 1 et 2.
(2) Paul, *Sentent.* V, 35, § 2.

II. — Qui pouvait appeler?

A cet égard, la doctrine romaine était aussi large que possible; car, en principe, elle ouvrait la voie de l'appel à tous ceux qui avaient été lésés par une décision judiciaire, sans exiger qu'ils eussent été parties au procès.

Nous aurons donc trois hypothèses à examiner : celle où la partie elle-même veut relever appel, celle où l'appel est interjeté par une personne qui n'était point partie au procès, mais qui s'y trouvait légalement représentée; celle, enfin, où un tiers se prétend lésé par la sentence et veut se pourvoir contre elle.

a. — Toute personne qui a été partie dans un jugement peut en appeler; mais, en général, cette partie seule profite de l'appel qui a rempli les formalités exigées par la loi pour obtenir la réformation du jugement qui lui préjudicie.

Cependant lorsque, sur plusieurs plaideurs co-intéressés, l'un avait relevé appel sans que les autres eussent recouru à cette voie de réformation, la révision de la sentence attaquée profitait à tous, si en première instance tous avaient employé les mêmes moyens. Cette exception se trouve expressément relatée dans un texte d'Ulpien (1) : « ..... In communi causa quoties alter appellat, alter non, alterius victoria ei proficere debet qui non provocavit : hoc ita demum probandum est si una eademque causa fuit defensionis. » Et le Code, l. 3, *si unus ex plurib. appel.*, vient confirmer cette opinion. — Aucune distinction entre l'hypothèse de divisibilité et l'hypothèse d'indivisibilité : dans les deux cas, l'appel

____

(1) L. 10, § 4, *De appel.*, D.

profite à toutes les parties qui ont soutenu le même système, et, de cette façon du moins, la solution sera la
même pour tous les co-intéressés : la contrariété de jugements ne sera pas à craindre.

Toute personne qui a été partie......, disions-nous,
alors même qu'elle n'eût pas au procès d'intérêt personnel. Dans l'origine, il n'était pas permis d'agir pour un
autre, d'ester en justice pour un autre, — *nisi pro
populo, pro libertate, pro tutela;* — mais bientôt les
nombreux obstacles qui empêchaient les citoyens d'agir
par eux-mêmes firent admettre, dans des mesures indéfi-
nies, l'usage des mandataires pour les procès (*procuratores ad lites*). Après la *litis contestatio*, le *procurator*
devenait maître du procès, *dominus litis*, il le dirigeait
à son gré, et dès lors il pouvait interjeter appel. Bien
mieux, Marcien nous dit qu'il lui était permis d'appeler
par le ministère d'un autre *procurator* (1).

b. — Ceux qui, sans avoir figuré eux-mêmes au procès, y avaient été légalement représentés, pouvaient, de
même que les parties, interjeter appel. C'est ainsi que
les héritiers pouvaient prendre le fait et cause de leur
auteur décédé et poursuivre l'appel ; qu'un pupille devenu
maître de ses droits continuait le procès intenté; que le
mandant, après avoir révoqué son mandataire, venait
appeler en son propre nom. Tous avaient un intérêt réel
et incontestable : le droit d'appel ne devait donc pas leur
être refusé. Ils pouvaient d'ailleurs, à leur gré, confier à
un mandataire le soin d'appeler en leur lieu et place (2).

c. — Enfin nous voyons les textes accorder l'appel à
tous ceux qui ont de justes raisons de se plaindre du

---

(1) L. 4, § 5, *De appel.*, D.
(2) L. 1, *An per alium causæ*, D.

jugement : « A sententiâ inter alios dicta appellari non
« potest, nisi ex justâ causâ. » (1) Et les exemples ne
manquent pas.

Ainsi, les légataires particuliers pouvaient appeler du
jugement rendu seulement entre l'héritier institué ou le
légataire universel et l'héritier *ab intestat*, et qui déclarait le testament nul et de nul effet (2).

De même, la caution pouvait appeler de la sentence
qui condamnait le débiteur principal : « Item fidejusso-
« res pro eo quo intervenerunt : igitur et venditoris
« fidejussor emptore victo appellabit. » (3) — Peu importait, du reste, que les parties en cause eussent
acquiescé au jugement (4).

Autres espèces : L'acheteur avait été évincé, le possesseur d'un immeuble hypothéqué avait été évincé : le
vendeur, le créancier hypothécaire pouvaient appeler en
leur nom (5).

Enfin, Ulpien va jusqu'à dire qu'une mère, voyant la
fortune de son fils détruite par un jugement, puise dans
l'amour maternel un intérêt suffisant pour relever
appel (6).

D'où vient cette excessive facilité à recevoir l'appel
formulé par des tiers? Rigoureusement, les principes
s'opposaient, il est vrai, à ce qu'un jugement pût avoir
d'effet à l'égard d'autres parties que celles qui étaient
liées par le contrat judiciaire, par la *litis contestatio*;

---

(1) L. 5, pr., *De appel.*, D.

(2) L. 5, § 1 et 2, *De appel.*, D.

(3) *Ead. lex*, pr.

(4) *Ead. lex*, pr., *in fine*.

(5) L. 4, § 3, *De appel.*, D.; — L. 3, *De pignor*, et 4, § 4, *De
appel.*, D.

(6) L. 1, § 1, *De appel. recip. vel non.*

mais comme il avait été admis en pratique que le jugement pouvait acquérir l'autorité de la chose jugée vis-à-
vis des personnes que l'on pouvait présumer représen-
tées par leurs ayant-cause dans un débat dont elles
avaient connaissance, il avait été nécessaire de leur donner un moyen de se pourvoir contre une sentence qui
était susceptible de leur causer un dommage sérieux (1).
Les Romains, d'ailleurs, ne connaissaient point la tierce-
opposition et l'appel seul pouvait atteindre le but.

— Il nous reste à examiner les fins de non-recevoir
qui étaient opposables à l'appelant.

Nous savons déjà quelles sentences échappaient au recours; toutes les fins de non-recevoir que nous avons à
passer en revue sont le résultat de l'attitude de l'appelant
au procès, toutes proviennent d'un fait à lui personnel et
se rattachant même à l'acquiescement.

L'acquiescement, en effet, pouvait précéder la sentence
ou lui être postérieur, et dans les deux cas il pouvait
être exprès ou tacite.

Si, antérieurement à la sentence, les parties avaient
formellement renoncé à l'appel, leur convention se changeait en loi véritable, et la voie de recours était désormais fermée. « Si quis, dit Ulpien, antè sententiam pro-
« fessus fuerit, se à judice non provocaturum, indubitatè,
« provocandi auxilium perdidit. » (2)

L'acquiescement était présumé si le défendeur originaire s'était laissé condamner par contumace; nécessairement averti par les ordonnances préalables du magistrat (*edicta*) qui étaient de nature à frapper son attention,
il devait se présenter et faire valoir ses moyens. S'il ne

(1) L. 63, *De re judic.*, D.
(2) L. 1, § 3, *A quibus appel. non licet*, D.

l'a pas fait, c'est que d'avance il s'est soumis à la décision à intervenir, et il ne peut revenir contre sa première volonté (1).

De même, si la sentence était fondée sur un serment, sur un aveu judiciaire, l'appel était inadmissible, car la partie s'était elle-même condamnée (2).

Une fois la sentence rendue, les délais si restreints, que nous passerons en revue, commençaient immédiatement à courir, et leur expiration rendait l'appel irrecevable : l'acquiescement de la partie était encore présumé. Le jugement obtenait force de chose jugée, et il était interdit d'appeler de son exécution. Si toutefois l'appelant prétendait que la sentence avait été mal interprétée, il pouvait recourir à la voie de l'appel : « Ita ut in causis « appellationis reddendis hoc solum quæratur, an jure « interpretatum sit. » (3)

III. — Devant quels magistrats se portait l'appel.

Pour résoudre cette question d'une manière complète, il faudrait connaître exactement les attributions et la compétence des divers magistrats chargés de rendre la justice, se rendre un compte exact de leur situation hiérarchique. Mais nous n'avons sur ce point que des renseignements dénués de précision, insuffisants pour nous guider dans un dédale de réformes et de remaniements incessants. — A quoi bon, d'ailleurs, s'attacher à suivre

(1) Paul., *Sentent.* V, 5 a, § 7; — l. 23, § 3, *De appel.*, D.; — l. 73, § 3, *De judic.*, D.

(2) Paul., *Sentent.* V, 35, § 2, et V, 5 a., § 5.

(3) L. 4, § 1, *De appel.*, D.

minutieusement les variations de la législation impériale en cette matière? Une pareille statistique, ainsi que le dit M. Bonjean (1), ne présente aucune utilité pour le jurisconsulte.

Esquissons seulement à grands traits le tableau des diverses magistratures qui, tant à Rome que dans l'Italie et les provinces, étaient investies de pouvoirs judiciaires.

Au centre siége l'empereur : les *rescrits*, qu'il rend sur des questions particulières à lui soumises par des magistrats ou même par les parties, mais sans prendre connaissance des faits, ont force de loi et lient les magistrats et les juges; les *décrets*, qui sont au contraire de véritables jugements, prononcés en pleine connaissance de cause, sont à l'abri de toute réformation. Le souverain les rédige parfois seul, parfois avec l'assistance du sénat ou du conseil privé.

Ce conseil privé, qui est une création d'Auguste, se compose de jurisconsultes, favoris de l'empereur (*comites et amici*) et chargés de l'aider dans son administration.

Puis viennent les préfets du prétoire, qui, dans le principe, ne sont que de simples officiers investis de pouvoirs militaires, mais qui ne tardent pas à s'attribuer une autorité de jour en jour plus grande. Leur juridiction, douteuse encore sous Marc-Aurèle, devient incontestable sous Alexandre Sévère, et leurs arrêts sont appellables devant l'empereur seul.

L'empereur et son conseil, les préfets du prétoire, ont une compétence illimitée : leur autorité embrasse tout le territoire de l'empire.

A Rome, et comme magistrats locaux, nous voyons le préfet de la ville qui, à l'exemple des préfets du pré-

____

(1) Liv. V, § 379, *Traité des actions*.

toire, acquiert bientôt une puissance considérable. Il peut réviser les décisions des magistrats de la ville, et le prince seul peut réformer ses sentences. — Viennent ensuite les consuls, qui présidaient à l'affranchissement des esclaves, à la nomination des tuteurs, et qu'Auguste chargea de la connaissance des fidéicommis; les préteurs..., dont l'autorité jadis si grande va toujours en décroissant. Placés d'abord au premier rang dans l'ordre judiciaire, ils deviennent les subordonnés du préfet de la ville. Les édiles... qui, dès la fin du IIIᵉ siècle, disparaissent complètement.

Enfin, les questeurs..., qui étaient investis d'une certaine juridiction en matière fiscale; les tribuns..., qui, jusqu'au Vᵉ siècle, purent encore, par *leur intercession*, annuler les décisions du sénat; et les vingt-six magistrats inférieurs, munis de pouvoirs spéciaux.

— En Italie, les magistratures municipales (*minores magistratus*), dont la principale était celle des duumvirs, sont soumises aux lieutenants impériaux, qui successivement portent les noms de *consulares*, de *juridici* et de *correctores*. Au-dessus de ces derniers siégent les préfets du prétoire et l'empereur.

— Quant aux provinces, elles sont confiées à la direction des *præsides* ou *proconsules*, qui ne relèvent que du prince. Les *præsides* sont secondés par des *legati* ou lieutenants, auxquels ils délèguent une partie de leurs pouvoirs. Ces lieutenants n'ont de rapports directs qu'avec leur délégant, et c'est même devant celui-ci que l'on doit interjeter appel de leurs décisions. — Uniquement chargés de l'administration financière, des affaires qui intéressent le fisc; mais indépendants du gouverneur de la province, sont les *procuratores Cæsaris*, auxquels Adrien adjoignit d'autres fonctionnaires, les *avocats du fisc*.

Ces quelques mots nous permettront de comprendre la procédure de l'appel à Rome, où l'on n'avait pas, comme chez nous, limité le nombre des degrés de juridiction.

L'*appellatio* ou *provocatio* était déférée à un juge supérieur, et, d'appel en appel, l'on pouvait remonter jusqu'au souverain.

Rigoureusement, les parties devaient n'omettre aucune juridiction et porter leur recours au magistrat immédiatement supérieur à celui qui, en dernier lieu, avait connu de l'affaire. Cependant, si elles avaient par erreur franchi un degré, l'appel n'était point irrecevable (1); le plus souvent le procès était renvoyé devant le juge compétent, et quelquefois même le magistrat saisi le retenait.

L'appelant s'était-il au contraire adressé à une juridiction inférieure, il était débouté (2).

— S'il y avait eu délégation, en autres termes, si un magistrat avait chargé une tierce personne de prononcer en son lieu et place (ce qui, d'après les principes romains, était parfaitement admissible, selon les paroles de Julien : « More majorum comparatum est, ut is demùm jurisdictionem mandare possit, qui eam suo jure, non alieno « beneficio haberet, » (3) il paraissait logique de regarder la décision du délégué comme rendue par le délégant lui-même. L'appel devait donc se porter devant un magistrat supérieur au délégant : « Ab eo, cui quis mandavit jurisdictionem, non ipse provocabitur : nam

(1) L. 1, § 3, et l. 21, § 1, *De appel.*, D.
(2) L. 5, § 1, *De appel. recip. vel non*, D.
(3) L. 5, *De jurisdictione*, D.

« generalitor is erit provocandus ab eo cui mandata est
« jurisdictio, qui provocaretur ab eo qui mandavit juris-
« dictionem. » (1)

Toutefois, cette règle perdit bientôt de son importance,
et l'on put appeler du *judex* au magistrat qui l'avait
institué en délivrant la formule. C'est Modestin qui
nous l'apprend dans la loi 3, *Quis à quo*, du Digeste, et
les expressions dont il se sert nous prouvent que l'ordre
plus ou moins élevé du magistrat n'était à cet égard
d'aucune importance. Le *judex* eût-il été donné par
l'empereur, la règle restait la même : « Dato judice a
« magistratibus populi romani cujuscumque ordinis,
« etiamsi ex autoritate principis, licet nominatim judi-
« cem declarantis, dederint, ipsi tamen magistratus
« appellabuntur. »

Mais si le prince avait déclaré, en nommant le *judex*,
qu'on ne pouvait appeler de la sentence, toute réformation devenait impossible : la décision était souveraine
comme si elle eût été rendue par l'empereur lui-
même (2).

IV. — Formes et délais de l'appel.

Sitôt que la sentence était rendue, la partie qui croyait
avoir à s'en plaindre pouvait interjeter appel en prononçant de vive voix le mot : *appello* (3). — Sinon,
elle devait dans les deux jours manifester son intention
par écrit, dans des *litteræ appellatoriæ*, adressées au

----

(1) L. 1, § 1, *Quis a quo*, D.
(2) L. 1. § 4, *A quib. appel. non licet*, D.
(3) L. 2 et 25, § 5, *De appel.*, D.

juge, auteur de la décision attaquée. Le délai était de trois jours si la partie en cause avait plaidé pour autrui (1); et les textes ont le soin de prévoir le cas où le juge inférieur cherchait à se soustraire aux poursuites de l'appelant dans le but de l'empêcher de lui remettre ses *litteræ*. Si le juge ne se laissait pas voir, cela ne nuisait en rien à l'appelant, car, jusqu'à ce qu'il pût l'aborder, c'est-à-dire le trouver en public, l'appelant conservait son droit intact (2).

Comme on le voit, les Romains n'avaient pas eu l'idée de proscrire les appels *ab irato*. Ne vaut-il pas mieux laisser aux passions et aux mouvements qui agitent d'abord un plaideur condamné le temps de se calmer? Les rédacteurs du Code de Procédure l'ont pensé, et c'est là, me semble-t-il, un véritable perfectionnement.

Les *litteræ appellatoriæ* devaient contenir le nom du juge, celui de l'appelant et de son adversaire et désigner la sentence; mais si nous en croyons les lois 3 et 13, au titre *De appellat.*, au Digeste, l'omission de l'une de ces énonciations n'entraînait que difficilement la nullité. Notre Code s'est montré bien autrement exigeant.

Mais continuons : le juge inférieur avait-il à apprécier le mérite de l'appel? Non, il était de son devoir de l'accepter quand même. Si cependant l'illégalité était manifeste, si, suivant l'exemple que nous donne Paul, dans la loi 7, pr., *De appel. recip. vel non*, au Digeste, l'appel était dirigé contre une sentence d'envoi en possession d'un héritier institué, le juge pouvait refuser de le recevoir, et, dans ce cas, il donnait avis au magistrat supé-

____

(1) L. 5, § 4, *De appel.* — L. 1, § 5 et 11, *Quandò appel.*, D.
(2) L. 1, § 7, *Quandò appelland.*, D.

rieur et de son refus et du motif qui l'avait déterminé (1).

Quant à la partie dont on avait refusé l'appel, elle
n'encourait aucune déchéance; mais elle devait, dans un
délai déterminé, en référer au magistrat supérieur, qui
prononçait une amende contre le juge ou contre son dé-
nonciateur, suivant que la plainte lui paraissait juste ou
sans fondement.

— L'appel a été reçu : l'appelant sollicite alors, dans
les cinq jours, les *apostoli* ou *litteræ dimissoriæ*, où le
juge inférieur témoigne par écrit du recours qui a été
formé contre sa sentence; puis, dans les cinq jours suivants (si l'appelant était domicilié au loin, le délai était
augmenté à raison des distances), il avait à fournir caution pour le tiers de la valeur en litige. Mais, ainsi que
nous l'apprend Paul (2), une seule caution suffisait, alors
même qu'il y avait plusieurs appelants : « Si plures ap-
« pellant, una cautio sufficit. »

C'était à l'appelant de présenter au magistrat supérieur
les *apostoli* qui lui avaient été décernés, et cette présen-
tation seule valait pour l'intimé citation à comparaître
au dernier jour du délai (*dies fatalis*) qui était préfixe,
soigneusement déterminé par la loi, et variant entre deux,
quatre, six ou neuf mois, selon la nature des appels et
selon les distances.

L'intimé faisait-il défaut, l'affaire était examinée en
son absence, et il n'y avait pas lieu de recourir aux ordonnances (*edicta*) qui, en première instance, tendaient
à mettre le défendeur en demeure de se présenter et
étaient nécessaires pour constater la contumace.

---

(1) L. 6, *De appel. recip. vel non.*
(2) Paul., *Sentent.* V, 33, § 4.

Était-ce au contraire l'appelant qui ne comparaissait pas, la sentence était confirmée sans retard et sans examen de la cause : l'appel était censé abandonné. Toutefois, si dans un délai fixé il faisait valoir des motifs légitimes d'empêchement, — c'était au magistrat d'apprécier, — il pouvait se faire relever de la déchéance encourue *(reparatio)* et un nouveau *dies fatalis* était alors indiqué à l'intimé. Une seconde *reparatio* était même parfois accordée, mais jamais une troisième.

V. — Effets de l'Appel.

Comme dans notre droit, l'appel produisait deux effets distincts et remarquables :

— Effet dévolutif, qui dessaisissait le premier juge pour investir le magistrat supérieur du droit de connaître de toutes les difficultés du procès, de toutes celles au moins qui faisaient l'objet de l'appel.

— Effet suspensif, qui arrêtait l'exécution de la sentence attaquée.

La dévolution au juge supérieur se mesurait sur la portée des *libelli* ou *litteræ appellatoriæ*. L'appel embrassait-il tous les points déjà examinés, tout était remis en question; ne portait-il, au contraire, que sur quelques chefs particuliers, la dévolution n'était que partielle, et, dès ce temps, il eût été vrai de dire comme aujourd'hui : « Tantum devolutum quantum appellatum. » — Mais Ulpien nous déclare (1) que si l'appelant, après avoir dans le principe indiqué un grief d'appel, *certam causam appellandi*, venait plus tard à abandonner ce premier grief pour un autre, cette substitution n'avait rien que

______

(1) L. 3, § 3, *De appel.*, D.

de légitime; le terrain du débat se trouvait par là changé, et la juridiction du magistrat d'appel modifiée.

L'exécution de la sentence, avons-nous dit, se trouvait suspendue de plein droit, sans quoi l'erreur du juge, dont la partie poursuivait la rectification, eût été souvent irréparable.

Cette règle subsistait alors même que l'appel n'était point reçu. Tout restait dans le même état : « Omnia in « eodem statu esse, nec quicquam novari... » Le juge faisait un rapport qu'il adressait au magistrat supérieur et dont il donnait copie au plaideur (1).

Mais, en fait, l'intimé n'avait-il aucune inquiétude, ne craignait-il aucune réformation, il pouvait, à ses risques et périls, procéder à l'exécution du jugement attaqué, car si, conformément à ses prévisions, l'appel était rejeté, la sentence produisait tous ses effets du jour où elle avait été prononcée.

Les Romains ne connaissaient donc pas ce que nous qualifions aujourd'hui d'exécution provisoire : le juge ne pouvait rendre sa décision exécutoire nonobstant appel. Toutefois, par mesure de précaution, si l'appelant, possesseur des objets litigieux, avait été condamné à restituer, et s'il y avait quelque danger pour les fruits ou insolvabilité, remise des objets pouvait être ordonnée entre les mains d'un séquestre (2).

VI. — De l'instance d'Appel.

Arrivé devant le magistrat, l'appelant pouvait-il chan-

---

(1) L. 6, *De appel. recip. vel non.* — L. 1, pr. *Nihil innov. appel. interposit,* D.

(2) Paul., *Sentent.* V, 36. — L. 21, § 3, *De appel.,* D.

ger ses moyens? Si les raisons qu'il avait d'abord présentées ne lui semblaient pas dignes d'être reproduites, pouvait-il les remplacer à sa guise, pourvu que sous ce prétexte il n'introduisît aucune demande nouvelle?

La négative me paraît probable, car les premiers textes qui accordent ce droit à l'appelant émanent des empereurs Dioclétien et Maximien (1). — Il me paraît d'ailleurs naturel de croire que les Romains, si rigoureusement logiques dans leurs déductions, durent, au moins dans le principe, ne voir dans le juge d'appel qu'un magistrat chargé d'examiner si le premier juge avait bien ou mal jugé, rien de plus, rien de moins.

Quoi qu'il en soit, le magistrat saisi statuait toujours *extra ordinem;* jamais il ne renvoyait à un *judex* la connaissance de l'affaire, même à l'époque où l'institution du jury était dans toute sa vigueur.

Si l'*appellatio* était déclarée *justa*, une nouvelle décision était rendue au fond. Dans le cas contraire, si l'*appellatio* était qualifiée *injusta*, l'appelant, débouté de sa demande, était passible d'une amende qui pouvait atteindre le tiers de la valeur du litige (2). Il devait en outre rendre au quadruple à son adversaire les frais nécessités par le procès (3).

(1) L. 6, § 1, *De appel.*, C.
(2) Paul., *Sentent.* V, 33, § 1-8.
(3) Paul., *Sentent.* V, 37.

SECTION II.

ÉPOQUE POSTÉRIEURE A DIOCLÉTIEN.

C'est·à cette époque que le système formulaire fait place à une nouvelle procédure. Le *judex* a disparu; et c'est le magistrat qui rend la sentence après avoir entendu les parties dans leurs moyens respectifs. — Cette réforme capitale n'eut pas, à vrai dire, une influence bien considérable sur l'appel, tel qu'il avait été organisé précédemment, car, nous le savons, le magistrat d'appel avait toujours statué *extrà ordinem*, sans nommer de *judex*.

Ce n'est que peu à peu et successivement que furent édictées les diverses modifications que nous avons à signaler.

I. — Et d'abord le droit d'appel, autrefois si large, si étendu, fut restreint dans des proportions considérables. Les décisions avant faire droit (interlocutoires et préparatoires) furent déclarées à l'abri de tout appel, et les jugements définitifs seuls, tranchant une question de compétence ou tranchant le fond, y furent encore soumis (1).

Justinien, cependant, permit d'interjeter appel des jugements interlocutoires après le prononcé de la sentence définitive : « Oportet post omnem litem finitam « tunc appellationem reddi : neque enim læditur quis, si « interea facta fuerit interlocutio, quæ illi deneget jus « competens, id est, vel testium productionem, aut relec-

____

(1) L. 2, *De appel.*, C. TH. — L. 1 et 2, *Quor. appel.* C. TH.

« tionem instrumenti, potest enim in appellatione omnia
« denudare, seu exercere, ne contra medii temporis inter-
« locutionem, datâ appellatione, mora injiciatur dilatio-
« nibus....., (1) etc. »

Inutile de dire que les anciennes exceptions au droit
d'appel étaient conservées.

Les décisions des préfets du prétoire étaient, dans le
principe, appellables devant l'empereur; ces fonctionnaires acquirent sous les empereurs chrétiens une importance telle que leurs jugements furent réputés souvé-
rains. Ils statuaient *vice sacra*, comme représentants de
l'empereur, dans toute l'étendue de leur préfecture :
« A præfectis autem prætoris, qui soli vice sacra cognos-
« cere verè dicendi sunt, provocari non sinimus, ne jam
« nostra contingi veneratio videatur. » (2)

II. — Quant à la procédure, elle fut notablement simplifiée. Justinien, le premier, limita le nombre des
appels dans une même affaire; on ne put dès lors parcourir plus de trois degrés de juridiction (3).

Une constitution de Valentinien III déclara que l'appelant ne pourrait plus, à son gré, abandonner son appel.
Une fois lancé, l'appel n'était plus susceptible d'être
retiré, et la partie qui, entraînée par son premier mou-
vement, avait formé recours contre une sentence défavorable, dut poursuivre son action au risque de se voir
condamner aux peines édictées contre les appels téméraires. — Arcadius et Honorius remédièrent à cette véri-

(1) L. 30, *De appel.*, C.
(2) L. 16, *De appel.*, C., TH.
(3) *Lex unica, ne liceat in una eademque cauta tertio provo-
care*, C.

table tyrannie et rétablirent le désistement : « Ne justæ
« pœnitudinis humanitas amputetur. » (1)

On supprima le double délai de cinq jours dans lequel
les *apostoli* devaient être sollicités et la caution fournie.
Le juge fut tenu d'accorder, d'office et sans délai, l'attestation de la déclaration d'appel, et l'obligation de donner caution disparut (2). Ce fut même le juge qui, dans
les vingt jours de l'appel, transmit les *apostoli* au magistrat supérieur en lui donnant son avis motivé sur l'affaire (*consultatio*).

Des peines sévères furent établies contre les magistrats
qui tentaient, par l'arbitraire, de diminuer le nombre des
appels, en intimidant les appelants par l'injure et en
les soumettant même aux plus rigoureux traitements :
« Minimè fas est, dit Constantin, ut in civili negotio,
« libellis appellatoriis oblatis, aut carceris cruciatus, aut
« cujuslibet injuriæ genus, seu tormenta, vel etiam con-
« tumelias perferat appellator. » (3)

Enfin, le *tempus exequendæ appellationis*, c'est-à-dire
le délai de comparution devant le magistrat supérieur,
fut porté à six mois par Théodose II (4). Le dernier jour
du sixième mois (*dies fatalis*), ni plus tôt ni plus tard,
les parties devaient se présenter pour plaider. Si l'intimé
faisait défaut, le magistrat statuait en son absence; mais
si c'était l'appelant, le *dies fatalis* était reporté au trente-
et-unième jour suivant, puis, dans le cas de nouveaux
défauts, une première et une seconde fois encore au

(1) L. 28, *De appel.*, C.
(2) L. 6, § 6. — L. 21. — L. 31, *De appel.*, C.
(3) L. 12, *De appel.*, C.
(4) L. 2, *De temp. et repar. appel.*, C.

trente-et-unième jour suivant (troisième et quatrième jour fatal). Ce délai était le dernier; l'empereur seul pouvait accorder une *reparatio*, relever de la déchéance. — Sous Justinien, les délais furent principalement calculés à raison des distances; mais il n'y eut plus qu'un *dies fatalis*. Les parties pouvaient seulement se présenter dans les quatre jours précédents, ou encore dans les cinq suivants : elles avaient donc en réalité dix jours pour plaider (1).

III. — Devant le juge d'appel, l'instance prit un nouvel aspect.

Les nouveaux moyens furent admis (2); dans le but d'arriver à une meilleure justice, les parties pouvaient abandonner, modifier les preuves par elles fournies en première instance; mais les demandes nouvelles restèrent prohibées.

Justinien permit même à l'intimé d'attaquer la sentence sur les points qui lui étaient défavorables. Dans cette hypothèse, le magistrat n'avait plus seulement à examiner si les prétentions de l'appelant étaient fondées ou non, il lui fallait encore apprécier le mérite de l'appel formulé par l'intimé, et, de cette façon, celui-ci pouvait obtenir plus qu'il n'avait obtenu devant le premier juge : « Sancimus itaque, si appellator semel in judicium venerit, et causas appellationis suæ proposuerit, habere « licentiam, et adversarium ejus, si quid judicatis opponere maluerit, si præsto fuerit, hoc facere, et judiciale « mereri præsidium. » (3) Et bien plus : l'intimé faisait-il défaut, le juge pouvait suppléer à sa demande et ré-

____

(1) L. 5, § 1, *De temp. et repar. appel.*, C.
(2) L. 6, § 1, *De appel.*, C. — L. 4, *De temp. et repar. appel.*, C.
(3) L. 39, *De appel.*, C.

former la sentence en sa faveur : « Sin autem absens
« fuerit, nihilominus judicem per suum vigorem ejus
« partes adimplere. » (1) Tandis qu'au contraire le juge
n'était pas autorisé à prononcer sur les griefs de l'intimé
qui comparaissait sans les proposer lui-même.

Les peines dont étaient passibles les appelants déboutés
furent, au dire de Bonjean (2), poussées jusqu'à l'extra-
vagance; on alla jusqu'à condamner à deux années de
travaux aux mines, jusqu'à reléguer des malheureux pour
deux ans dans une île, en leur enlevant la moitié de leur
patrimoine (3).

(1) L. 39, *De appel.*, C.

(2) Liv. 5, § 382.

(3) L. 3, *De offic. præf. præt.*, C. TH. — L. 16, *De appel.*,
C. TH.

DROIT FRANÇAIS

DE LA COMPÉTENCE DES COURS IMPÉRIALES

EN MATIÈRE CIVILE ET COMMERCIALE.

Lorsqu'éclata la Révolution de 1789, toutes les institutions judiciaires antérieures avaient fait leur temps ; et, dans sa séance du 24 mars 1790, l'Assemblée Constituante décida que l'ordre des juridictions serait en entier reconstruit. Préalablement devaient être discutées les règles fondamentales, bases de la nouvelle organisation.

La voie de l'appel serait-elle conservée?

C'était assurément une des questions les plus graves et les plus épineuses; car si l'appel avait ses partisans, il était de nature à éveiller bien des soupçons. Peut-être, en effet, rendrait-il nécessaire la création de grands corps judiciaires quelque peu semblables à ces fameux Parlements dont le souvenir était encore présent à tous les esprits.

Longue fut la discussion ; mais le principe du double degré de juridiction fut enfin adopté. Toutefois, par une espèce de transaction et pour dissiper toutes les craintes, l'on chercha d'un commun accord à établir entre les tribunaux un système d'égalité tel qu'ils fussent respectivement juges d'appel les uns des autres. — Ce moyen terme était peut-être politique : en tout cas, il n'était pas logique, car la possibilité de déférer à la censure d'un second tribunal la première décision rendue sur une affaire suppose évidemment chez ce tribunal une supériorité, une suprématie quelconque.

On le comprit bientôt, et la loi du 27 ventôse an VIII vint réparer l'inconséquence commise, en établissant un certain nombre de tribunaux d'appel chargés principalement de statuer sur l'appel des décisions rendues par les tribunaux d'arrondissement.

Et, cette fois, le but était véritablement atteint, puisque le législateur savait prémunir le pays contre les dangers de l'institution en circonscrivant le territoire dans l'étendue duquel les nouveaux tribunaux devaient agir, en restreignant les limites de leur compétence aux affaires judiciaires, et en leur enlevant toute action, toute influence sur le pouvoir législatif. — Grâce à ces précautions, à ces garanties, l'on pouvait, comme le fait remarquer Carré (*Compét.*, t. 8, p. 7), « envisager l'in-« stitution comme le perfectionnement de l'organisation « judiciaire, en ce qu'elle offrait tous les avantages des « anciens corps de magistrature, sans donner à craindre « le retour des abus de pouvoir que ces corps avaient pu « commettre. »

Plus tard, le sénatus-consulte du 28 floréal an XI donna à ces tribunaux le nom de Cours d'Appel. Aujourd'hui, et depuis le décret du 2-9 décembre 1852, ils sont connus sous la dénomination de Cours Impériales.

Nous allons essayer, au moyen de quelques principes, de déterminer la compétence en matière civile et commerciale des Cours Impériales, envisagées en tant que corporations, en tant que corps judiciaires, c'est-à-dire, en laissant complètement de côté les attributions spéciales à tel ou tel de leurs membres pris isolément.

A cet effet, la matière peut, ce nous semble, être divisée en deux parties : dans la première nous étudierons la la juridiction *naturelle* des Cours Impériales, en autres termes, les pouvoirs judiciaires qui leur appartiennent en vertu des règles générales qui ont présidé à leur institution ; et dans la seconde, nous nous occuperons de leur juridiction *prorogée*, de celle qu'elles n'exercent qu'accidentellement, par suite du consentement des parties ou par l'effet d'une disposition exceptionnelle de la loi.

Voici, du reste, le tableau des distinctions que nous voulons établir :

JURIDICTION NATURELLE.	CONTENTIEUSE. — *Au second degré.*	Appel des jugements des tribunaux civils. Appel des jugements des tribunaux de commerce. Appel des ordonnances. Appel des sentences arbitrales. Appel des décisions des consuls.
	CONTENTIEUSE. — *En premier et dernier ressort.*	Exécution des arrêts. Demandes pour frais et actions en désaveu. Demandes nouvelles. Interventions. Évocations. Règlement de juges. Prise à partie. Requête civile. Tierce-opposition.
	GRACIEUSE.	Adoption. Rectification des actes de l'État civil. Réhabilitation de faillis.
JURIDICTION PROROGÉE.		Par la volonté des parties. Par la Cour de Cassation. Par une Cour Impériale.

PREMIÈRE PARTIE

JURIDICTION NATURELLE.

Comme toutes les corporations investies de pouvoirs judiciaires, les Cours Impériales ont une double mission à remplir : rendre la justice en terminant les contestations, et conférer à certains actes, trop importants pour se passer dans l'ombre, l'autorité et la solennité que réclame l'intérêt de la société.

Dans le premier cas, il y a débat, différend : des prétentions rivales sont en présence, et le juge statue au contentieux.

Dans le second, la Cour intervient en l'absence de tout procès, sur la demande d'une seule partie. Sa décision ne heurte aucune passion, car, de discussion, de contradiction, il n'y en a pas, à proprement parler : l'arrêt n'a pour but que de donner une nouvelle consécration à un fait digne, aux yeux du législateur, de l'examen et de la sanction des tribunaux. Techniquement, la juridiction se fait *gracieuse*.

Ces deux hypothèses feront l'objet de deux chapitres distincts, et, en étudiant la juridiction contentieuse, nous verrons la Cour statuant au second degré comme tribunal d'appel, puis statuant en premier et dernier ressort sur des questions encore intactes.

CHAPITRE PREMIER.

JURIDICTION CONTENTIEUSE.

SECTION I. — AU SECOND DEGRÉ.

I et II. — Appel des jugements des tribunaux civils et de commerce.

Les Cours Impériales sont, avant tout, nous l'avons vu, des tribunaux d'appel créés pour donner au plaideur la garantie du second degré de juridiction : placées immédiatement au-dessus des tribunaux d'arrondissement et de commerce du ressort, elles sont principalement destinées à connaître de leurs décisions, pourvu, bien entendu, que ces décisions n'aient point elles-mêmes été prononcées sur appel, car, chacun le sait, en France la loi ne permet pas que la même affaire subisse plus de deux instances en dehors de la Cour de Cassation. Nous avons donc à examiner quels sont les jugements des tribunaux de commerce et d'arrondissement dont la connaissance peut être portée devant une Cour Impériale.

Pour qu'une décision émanée d'un tribunal d'arrondissement ou de commerce soit *par elle-même et de sa nature* appelable devant une Cour Impériale, il faut : 1° qu'elle constitue un jugement véritable; 2° qu'elle soit en premier ressort. Rendons-nous compte de ces deux conditions.

1° *Qu'elle constitue un jugement véritable.*

Les premiers juges ont dû être mis à même de statuer en pleine connaissance de cause. Si donc la décision a été rendue en l'absence du défendeur, la discussion n'a pas été complète, et la solution est entachée d'une imperfection. Il est vrai que ce jugement par défaut pourra acquérir l'autorité d'une décision contradictoire, mais il faudra que préalablement la partie défaillante ait été mise de nouveau dans la possibilité de se défendre. Jusque-là, il n'y a qu'un jugement provisoire dont la révision peut être poursuivie devant ses auteurs, mais qui n'est point susceptible d'appel.

De même en ce qui concerne un jugement prononcé sur requête non communiquée : avant de le soumettre à l'appel, la partie doit recourir à la voie de l'opposition devant le tribunal qui l'a condamnée. (Colmar, 15 avril 1807; Nancy, 7 juin 1827.) Du reste, il est évident que la question ne peut naître relativement à la partie qui a présenté la requête. A son égard, du moins, la décision doit être considérée comme contradictoire, puisque c'est sur ses moyens et sur ses conclusions qu'elle a été rendue. La voie de l'appel, seule, serait à sa disposition. (Rouen, 27 mai 1807.)

Quant aux décisions qui sont purement et simplement des actes d'administration, — qui ordonnent notamment une remise de cause, qui sont relatifs à la nomination des syndics et du juge-commissaire en matière de faillite (article 583 C. Com.), etc., la loi ne les considère pas comme de véritables jugements, et ils échappent dès lors à l'appel.

Que dirons-nous des jugements d'expédient, qui ne sont que la reproduction des conclusions des parties? Bien longtemps on a discuté sur la question de savoir quelle était au juste leur nature. Il n'y a point de discussion, point de débat : les parties se sont préalablement entendues et sont tombées d'accord. Elles demandent simplement au tribunal de consacrer leur arrangement.

Cette consécration avait-elle pour effet de substituer la volonté des juges à celle des parties, ou bien n'était-elle qu'une simple homologation, « *quæ nihil addit ad vim transactionis?* » — On décide généralement aujourd'hui que le jugement d'expédient doit être assimilé aux jugements ordinaires, qu'il en a toute l'autorité et qu'il en produit tous les effets. (Rivoire, *De l'Appel*, n° 73. — Carré et Chauveau, *Lois de la Procéd. Civ.*, quest. 1631.)

Que conclure de cette solution? L'appel d'un jugement d'expédient sera-t-il possible? Non, et la raison en est remarquable. Par sa nature, le jugement d'expédient est appelable; mais, prenons-y garde, les parties se sont elles-mêmes soumises à la décision. Elles y ont acquiescé d'avance; dès lors elles ne sont plus recevables à en interjeter appel, à moins, il faut le supposer, que cet acquiescement ne pût produire son résultat; qu'il fût, par exemple, le fruit de l'erreur, de la fraude ou de la violence.

Il est également reconnu qu'une Cour Impériale ne peut être valablement saisie de l'appel d'un jugement dont on voudrait faire réformer les motifs sans attaquer le dispositif. Ce qui constitue le jugement, l'essence d'un jugement, c'est le dispositif. Seul, il peut acquérir l'autorité de la chose jugée. Les considérants ne sont que des accessoires incapables de causer un préjudice sérieux, décisif.

Après ce que nous avons exposé, la logique semblerait exiger que les jugements nuls pour vice de forme ne fussent point susceptibles d'appel. Une décision radicalement nulle, peut-on dire, n'est pas un jugement véritable, et il est inutile dès lors de l'attaquer devant une juridiction supérieure. C'est, en effet, ce que décidaient les Romains. Les sentences nulles ne produisaient aucun effet, et il n'y avait pas lieu à les faire réformer. Dans noire droit il en est autrement, et il est certain, d'après l'opinion des auteurs, que tout jugement doit subsister tant qu'il n'a pas été attaqué par les voies de droit. Or, ces voies de droit, quelles sont-elles? L'appel pour les jugements en premier ressort; la Cassation, la requête civile pour les jugements en dernier ressort. Tout au plus pourrait-on, avec Merlin, nier l'existence d'un acte tellement informe qu'il ne présenterait aucun des caractères du jugement, si tant est qu'un acte de cette nature puisse être opposé comme une décision judiciaire. Mais, hors de là, il n'y a pas de doute que la voie de l'appel ne soit aussi nécessaire pour obtenir l'annulation d'une sentence vicieuse dans la forme, que pour en obtenir la réformation du chef de mal jugé.

2° *Qu'elle soit en premier ressort.*

Si utile que soit le principe des deux degrés de juridiction, le législateur ne pouvait l'étendre à toutes les affaires sans exception. Dans l'intérêt de l'ordre et de la justice, tout autant que pour mettre un terme à la chicane, il y avait un tri à opérer, une distinction à établir.

C'est dans ce double but qu'il fut décidé que les tribunaux d'arrondissement et de commerce auraient, en certaines matières, un pouvoir absolu, souverain, et rendraient des décisions à l'abri de l'appel, c'est-à-dire en dernier ressort.

Là est toute la question : quand un tribunal de première instance, quand un tribunal de commerce jugent-ils en dernier ressort?

Et d'abord, sachons bien que la qualification donnée par les auteurs de la décision à apprécier ne tranche nullement la difficulté : que les premiers juges aient déclaré leur sentence rendue en premier ou en dernier ressort, ou qu'ils aient omis de se prononcer sur ce point, la question reste entière. Il s'agit ici d'ordre public, et dès lors l'appréciation du tribunal ne pouvait avoir une autorité si absolue. — L'art. 453 du Code de Procédure civile, en édictant ce principe, est venu mettre fin aux controverses qui, sous la législation antérieure, existaient à ce propos.

Où donc chercher notre guide?

Dans la demande seule : c'est là ce qu'il nous faut étudier. A cet effet, nous distinguerons immédiatement les demandes déterminées, c'est-à-dire celles qui portent avec elles leur estimation, et celles qui, au contraire, sont indéterminées.

A. — DEMANDES DÉTERMINÉES.

« Les tribunaux civils de première instance connaî-
« tront en dernier ressort des actions personnelles et mo-
« bilières jusqu'à la valeur de 1,500 fr. de principal, et
« des actions immobilières jusqu'à 60 fr. de revenu, dé-
« terminé soit en rentes, soit par prix de bail. » (Art. 1er de la loi du 11 avril 1838.)

« Les tribunaux de commerce jugeront en dernier
« ressort... toutes les demandes dont le principal n'ex-
« cédera pas la valeur de 1,500 fr. » (Art. 639 Code Com.)

Tel est le principe qui, comme on le voit, assimile les tribunaux de commerce aux tribunaux d'arrondissement, mais uniquement, bien entendu, en ce qui concerne les actions mobilières, puisque ce sont les seules dont ceux-là puissent connaître. — Il ne faut point, en effet, tenir compte de la différence de rédaction que M. Carré re-

lève (1) : si la loi de 1838 se sert de l'expression :
« *jusqu'à 1,500 fr. de principal, jusqu'à 60 fr. de revenu,* » tandis que l'art. 639 de commerce attribue aux
juges consulaires la connaissance des demandes « *n'excédant pas 1,500 fr.,* » son but n'est point d'établir une
distinction puérile entre deux juridictions parallèles. Le
mot « *jusqu'à* » doit être pris dans un sens essentiellement exclusif.

L'on est d'accord pour apporter une seconde rectification au texte qui parle d'action personnelle et mobilière,
comme si la réunion de ces deux conditions, *personnelle
et mobilière*, était nécessaire pour l'application du principe. Remplaçons donc la conjonction *et* par la copula-
tive *ou*; nous aurons ainsi la véritable pensée du législateur, qui est celle-ci : l'action est-elle mobilière, elle
devra dépasser 1,500 fr. en principal pour échapper au
dernier ressort : peu importe d'ailleurs qu'elle soit personnelle ou réelle. Est-elle, au contraire, immobilière (la
loi se sert parfois de l'expression « *réelle* » comme d'un
synonyme), le taux de l'appel sera de 60 fr. en revenu.

Ces différents points réglés, étudions le critérium que
nous fournit le texte.

Quand peut-on dire qu'une demande déterminée n'excède pas les 1,500 fr. de principal ou les 60 fr. de revenu qui constituent les limites du dernier ressort? La
question semble simple : elle ne l'est pas; et pour la
résoudre nous devons parcourir trois hypothèses.

a. — Soit une demande principale, pure et simple,
dénuée de toute complication incidentelle.

Si nous supposons l'action mobilière, c'est aux conclusions du demandeur que nous devrons nous reporter

____

(1) *Compét.*, art. 281, n° 312.

pour fixer le ressort : quelle est la valeur de l'objet réclamé ?

Quand cet objet consiste en une somme d'argent, aucune difficulté.

S'il s'agit d'un corps certain ou bien de l'exécution d'une convention résolue en dommages-intérêts, c'est au demandeur de préciser lui-même le chiffre de l'estimation. Il a sur ce point la plus grande latitude : fît-il une évaluation exagérée, il n'appartiendrait ni au défendeur ni aux juges d'opérer une réduction.

Il était, avant tout, besoin d'adopter une règle fixe, certaine, qui, sur cette matière d'ordre public, sur cette matière de compétence absolue, laissât le moins de place possible à l'arbitraire. Sans doute le demandeur peut, afin de se réserver le droit d'appel, outrepasser les limites du raisonnable, en donnant à ses prétentions un caractère d'importance qu'elles n'ont pas en réalité; mais c'est alors à ses risques et périls, et en s'exposant aux peines infligées par la loi aux plaideurs téméraires. D'ailleurs cet inconvénient n'est qu'exceptionnel et l'on ne saurait, quoi qu'on pût faire, couper court à la chicane.

Nous ne pourrions même admettre l'évaluation d'évidence et de notoriété que propose M. Jousse, page 123. L'objet de la réclamation fût-il manifestement d'une valeur inférieure au prix porté par le demandeur, notre solution resterait la même. Pourquoi? C'est qu'en premier lieu, le principe qui attribue au demandeur le droit de détermination n'a de sens et de portée véritable que s'il est absolu et exclusif. De même qu'il est loisible au premier individu de susciter une mauvaise chicane à son voisin, il lui est aussi permis, nous le verrons bientôt, de laisser à sa demande un caractère indéterminé et de s'assurer ainsi la garantie du second degré de juridiction. Aucune disposition ne le force à donner une évaluation, n'autorise qui que ce soit à lui enlever le droit d'appeler. Quelle raison de décider autrement si, au lieu de se taire, il a exagéré son estimation?... (Un cas seul pourrait être excepté, celui où l'évaluation de l'objet mobilier serait possible au moyen de mercuriales, car nous aurons la même restriction à faire à propos des demandes indéterminées.) — D'un autre côté, il peut arriver qu'en raison du prix d'affection ou d'une circonstance particulière, l'objet ait pour le demandeur une valeur toute spéciale, en dehors des règles ordinaires; et cette considération nous autorise encore à lui réserver le droit de fixer seul le chiffre qui doit trancher la question de compétence.

De là il résulte que l'on ne doit point s'arrêter au montant de la condamnation prononcée par le tribunal : fût-il inférieur au taux du dernier ressort, la Cour n'en sera pas moins compétente pour connaître de l'affaire, si la demande soumise aux premiers juges rendait l'appel recevable. Ce n'est pas, en effet, aux juges de fixer les limites de leur compétence en cette matière, et il est toujours vrai de dire : « *Quoties de quantitate ad judicem pertinente quæritur, semper quantum petatur quærendum est, non quantum debeatur.* » Si donc le demandeur a réclamé 1,550 fr. devant le tribunal, il pourra saisir la Cour de son appel, alors même qu'il n'eût obtenu que 100 fr. — Admettons, au contraire, que le tribunal lui ait accordé 1,550 fr. au lieu des 1,200 fr. auxquels il concluait, le jugement ne sera plus susceptible d'appel et sera en dernier ressort : les voies de recours seront donc complètement changées.

Quand nous disons que la demande fixe la question de compétence, nous entendons parler de la demande telle qu'elle résulte des dernières conclusions, et non pas de l'exploit introductif d'instance qui a saisi les premiers juges. Les prétentions des parties sont, en effet, bien souvent modifiées par la discussion, et la décision du tribunal ne porte que sur leurs conclusions définitives : la base doit être la même quand il s'agit d'apprécier la valeur du litige. (Conf. Carré, *Compét.*, art. 281, n° 289.)

En vain a-t-on voulu contester au demandeur le droit d'enlever le bénéfice de l'appel à son adversaire par une réduction des conclusions primitives : l'art. 1343 du Code Civil, disait-on, interdit la preuve testimoniale à celui qui a formé une demande excédant 150 fr. et qui l'a ensuite restreinte en la rendant inférieure à ce chiffre; pourquoi ne pas admettre le même raisonnement dans notre hypothèse? Pour une raison bien simple : la loi n'admet que difficilement les enquêtes et cherche à les rendre aussi peu fréquentes que possible, tandis qu'au contraire elle favorise l'appel et tend à le vulgariser. — Cent arrêts ont consacré cette doctrine, et c'est aujourd'hui un point à l'abri de toute controverse.

De même en ce qui concerne l'augmentation de la demande, alors même qu'il serait évident qu'en ajoutant à ses premières conclusions le demandeur n'a voulu que se réserver le droit d'appeler plus tard du jugement à intervenir, le principe devrait, nous semble-t-il, recevoir son application. Autrement, tout se résoudrait par une question d'appréciation : Est-il manifeste, oui ou non, que la demande a été augmentée dans le but unique d'assurer le droit d'appel? Les juges fixeraient ainsi leur compétence à leur gré, et c'est ce que le législateur paraît avoir voulu éviter en cette matière.

Tout dépend donc des conclusions définitives : mais si, au cours de l'instance, le défendeur payait à son adversaire une partie de ce qui lui est réclamé, ce paiement n'équivaudrait-il pas à une réduction librement apportée aux conclusions du demandeur? Répondons affirmativement, au moins pour l'hypothèse où le paiement n'est pas contesté; en sorte que si, la somme une fois versée, la demande se trouvait susceptible du dernier ressort, l'appel deviendrait irrecevable.

Allons plus loin. Aucun paiement n'a encore été effectué : le défendeur consent seulement à satisfaire à une partie de la demande. Cet acquiescement partiel aura-t-il encore pour résultat d'interdire l'appel si le chef contesté ne s'élève plus au-delà de 1,500 fr.? Il me semble que la solution doit être la même que dans le cas précédent, et que l'on doit défalquer de la somme réclamée celle que le défendeur reconnaît devoir : le litige n'existe que pour l'excédant, et c'est le litige qu'il s'agit d'apprécier. Cette doctrine, qui est celle de Merlin (*Nouv. rép.*, v° dernier ressort, 55), de Carré (*Compét.*, art. 281, n° 291), a été appliquée par plusieurs arrêts. (Rennes, 6 mai 1812; Caen, 24 janvier 1826; Nancy, 14 août 1838, 30 décembre 1843 et 24 août 1844.)

Mais, prenons-y garde, nous supposons nécessairement que le paiement, l'acquiescement partiels ne donnent lieu à aucune contestation de la part du demandeur; car un créancier ne peut être contraint de recevoir un paiement partiel (art. 1244 du Code Civil). Or, si une discussion s'engageait entre les parties au sujet de l'acquiescement ou du paiement, il ne serait plus exact de prétendre que le procès a perdu de sa valeur. C'est au contraire un nouveau débat qui viendrait s'enter sur le premier : il n'y aurait pas amoindrissement, mais bien agrandissement du litige.

Bien mieux, nous n'exigerions pas seulement l'absence

de toute contestation de la part du demandeur, nous voudrions encore que l'acquiescement partiel fût établi par le jugement. La demande peut en effet avoir pour but unique de procurer un titre exécutoire au créancier. Si donc le jugement contenait une condamnation pure et simple au paiement intégral de la somme réclamée, ou, pour mieux dire, s'il se taisait sur l'acquiescement survenu, on devrait croire que le débat a été définitivement rétabli dans ses premiers termes. Et en parlant de la sorte, nous ne nous mettons nullement en contradiction avec le principe qui exige qu'on s'en rapporte au « *quantum petatur* » et non pas au « *quantum debeatur*; » mais nous voyons dans l'attitude du demandeur la preuve qu'il n'avait pour but, en conservant ses conclusions premières, que d'obtenir un titre exécutoire, ce qui est son droit.

Ce que nous disons de l'acquiescement, l'étendrons-nous aux offres réelles faites par le défendeur? Oui, si ces offres ont été acceptées par le demandeur; mais le silence du demandeur ne nous paraîtrait plus ici, comme dans le cas précédent, une preuve suffisante de consentement, ne pourrait plus, selon nous, être assimilé à une réduction de conclusions. La loi veut, en effet, une acceptation expresse du créancier pour qu'elle le considère comme obligé. — La jurisprudence contraire, qui semble cependant se fortifier de jour en jour, nous paraît en contradiction avec les principes.

Il est inutile d'ajouter que par la prononciation du jugement, le premier ou le dernier ressort se trouve irrévocablement fixé selon le mode par nous établi; le droit d'appel ne peut dépendre des actes postérieurs, et, une fois acquis, il s'exerce indifféremment ou pour l'ensemble ou pour un seul des chefs du dispositif, quel que soit son peu d'importance.

Jusqu'ici, nous avons supposé une demande mobilière : s'il s'agit d'une demande réelle immobilière, le mode de détermination ne sera plus le même; la loi ne s'attache plus au capital de la demande, mais au revenu de l'immeuble litigieux. « Les tribunaux civils connaissent des actions immobilières jusqu'à 60 fr. de revenu, » dit la loi de 1838.

« L'indication de la somme pour laquelle on forme une action mobilière est un fait simple et invariable, disait M. Mérilhou dans son rapport à la Chambre des Pairs, il n'en est pas de même pour une action immobilière. La valeur capitale de l'immeuble est une chose essentiellement arbitraire et variable, suivant les lieux, les temps et les personnes. Le revenu seul a une valeur positive et fixe : il a donc été nécessaire de ne prendre pour base de la compétence en dernier ressort, en matière immobilière, que le revenu et non le capital. »

D'un autre côté, le demandeur n'est plus libre par son évaluation de trancher lui-même la question du ressort, son arbitraire n'est plus à craindre; car le chiffre de 60 fr., qui est le taux de l'appel, doit être « *déterminé soit en rente, soit par prix de bail.* »

C'est dans la loi de 1790 que cette disposition a été copiée, et la rente que la loi de 1790 avait en vue était la rente foncière, alors fort usitée, qui a depuis été déclarée rachetable et dépouillée de son caractère immobilier. Le contrat de rente, tel que l'usage l'a conservé, n'en est pas moins translatif de propriété, et, à ce titre, il pouvait fournir une mesure très-exacte de la valeur de l'immeuble. La loi de 1838 l'a donc adopté, avec le bail, comme base de détermination.

En dehors de ces deux points de repère, toute évaluation de l'immeuble litigieux est inadmissible, toute estimation, toute comparaison irrecevable, et il est établi par un nombre considérable d'arrêts qu'il ne peut être statué en dernier ressort sur une contestation relative à la propriété d'immeubles dont le revenu n'est fixé ni en rente, ni par prix de bail. La demande est alors indéterminée. (Cass., 12 juin 1810; 15 mars 1824.)

Soit donc un contrat de rente ou de bail précisant le prix de l'immeuble. Si, par hasard, le prix indiqué ne constituait ni une somme d'argent, ni une certaine quantité de denrées appréciables d'après les mercuriales, nous rentrerions encore dans l'hypothèse des demandes indéterminées, et partant le procès serait susceptible des deux degrés de juridiction. Autrement, tout se réduit à une comparaison entre le chiffre porté au contrat et celui que pose la loi comme limite du dernier ressort.

On a cependant cherché à soulever une difficulté : Qu'a entendu la loi, demandait-on, lorsqu'elle a parlé de revenu déterminé par prix de bail? Est-ce le revenu brut ou le revenu réel qu'elle avait en vue? Ainsi, la contestation porte sur un immeuble affermé 70 fr., en déduction desquels doivent être payés les impôts, qui sont de 14 fr. par an. L'affaire sera-t-elle susceptible d'appel? Non, répondait-on, puisqu'en réalité l'immeuble ne rapporte que 56 fr. au propriétaire, et se trouve dès lors d'un revenu inférieur au taux du premier ressort.

Cette solution ne peut être acceptée, nous semble-t-il, car elle est en opposition flagrante avec l'esprit de fixité qui a guidé la loi du 11 avril 1838. Elle ne nous

entraînerait à rien moins qu'à prendre en considération
et à défalquer les contributions communales, les prestations pour les chemins vicinaux..., les réparations d'en-
tretien peut-être, toutes causes d'amoindrissement du
prix de bail : où serait la limite? D'un autre côté, il est
trop évident que le législateur a dû chercher à établir,
entre les actions mobilières et les actions immobilières,
une corrélation aussi exacte que possible, de manière à
donner aux premiers juges, dans l'un et l'autre cas, une
compétence sensiblement aussi étendue. Or, en pratique,
les immeubles ne rapportent pas plus de 3 %. 60 fr. de
revenu par bail représenteront donc un immeuble de
2,000 fr. au moins; si l'on suppose que le propriétaire
doive en défalquer les impôts, qui sont à peu près d'un
cinquième du revenu, l'on se rapprochera ainsi de la valeur équivalente au principal des actions mobilières. Ce
petit calcul suffit à démontrer que dans l'intention de
ceux qui ont édicté la loi, le chiffre de 60 fr. avait été
choisi en vue des prestations qui viennent toujours
amoindrir le revenu réel des immeubles.

Mais ce n'est pas tout encore : il faut nécessairement
que l'acte sur lequel on s'appuie pour déterminer le revenu de l'immeuble subsiste au moment où il est produit. Si la rente était éteinte, si le bail était expiré,
les indications fournies ne concerneraient plus qu'une
époque antérieure à l'instance, et c'est le revenu, à
l'instant même du procès, qu'il s'agit d'établir. (Conf.
M. Benech, p. 223.) Il faut donc que le titre jouisse
encore de toute sa vigueur, de toute son actualité; peu
importe, d'ailleurs, qu'il soit authentique ou non; l'au-
thenticité ne saurait être exigée en présence du silence
de la loi. (Conf. une circulaire du ministre de la justice
du 25 mars 1834.)

Une dernière question nous reste à examiner : l'acte constitutif du bail ou de la rente doit-il émaner des parties ou d'un auteur commun? Contrairement à l'opinion de M. Benech, p. 226, qui soutient l'affirmative en se fondant principalement sur la règle générale en droit : *res inter alios acta nec nocere nec prodesse potest*, nous optons résolument pour la solution négative. Nous ne saurions montrer tant de rigueur, alors que nous voyons les orateurs qui ont pris part à la discussion de la loi de 1838 supposer tous implicitement la validité d'un acte de rente ou d'un bail émané d'une seule des parties. L'esprit de la loi ressort trop manifestement de ces débats pour que nous osions nous ranger à l'avis de M. Benech, qui aurait d'ailleurs pour résultat de rendre l'application de la loi presque impossible, la condition qu'il exige ne pouvant se trouver que très-rarement réalisée.

b. — Si nous supposons maintenant qu'au cours de l'instance devant les premiers juges des demandes incidentes aient été formées, ne devrons-nous pas en ajouter le montant à l'action principale pour le calcul du premier ou du dernier ressort?

La question peut s'examiner à un triple point de vue.

1° S'agit-il de demandes incidemment formées par le demandeur, nous sommes forcément amenés à distinguer entre celles qui additent au principal, qui élargissent le débat, et celles qui ne peuvent être considérées que comme des accessoires. Les premières, nous avons déjà eu l'occasion de le dire, peuvent changer la compétence et rendre appellable une affaire qui, dans le principe, impliquait le dernier ressort. Les secondes, au contraire, ne peuvent entrer en ligne de compte : elles n'ajoutent rien à la somme qui détermine la compétence et dont elles ne sont qu'un corollaire éventuel. (Merlin, *Nouv. Répert.* v° dernier ressort, § 11; Poncet, *Tr. des Jug.*, t. I, n° 293, et Carré, *Compét.*, art. 284, n° 320.)

Tout revient donc à discerner l'accessoire de ce qui constitue une véritable addition de principal : et à cet égard la jurisprudence semble fixée.

Quant aux intérêts et arrérages, s'ils sont échus antérieurement à la demande, aucune difficulté n'est possible, ils contribuent à déterminer la valeur de la demande principale : ils entrent donc dans le calcul et peuvent avoir une influence décisive sur la question du ressort. S'ils sont, au contraire, échus postérieurement, la solution n'est plus la même : il n'y a plus qu'un accessoire incapable de modifier la demande principale, qui seule est dès lors à considérer.

Les fruits naturels d'un immeuble devraient, semble-t-il, être assimilés aux intérêts qui ne sont, au demeurant, que des fruits d'un autre genre. Mais il est vrai de dire qu'ils ne constituent point un capital, à la différence des intérêts précédemment échus, qui se capitalisent et viennent augmenter la somme principale réclamée. C'est dans ce sens que par un arrêt du 20 juin an XI, la Cour de Cassation déclarait irrecevable l'appel fondé sur le caractère indéterminé d'une demande de fruits incidemment formée.

En ce qui concerne les droits d'acte et d'enregistrement déboursés antérieurement à la demande et réclamés incidemment, la question a été vivement controversée. Devaient-ils être pris en considération dans la composition du ressort? Les tribunaux semblent aujourd'hui, pour trancher la difficulté, s'occuper du point de savoir si les actes peuvent être regardés comme des préalables indispensables à l'action, et s'ils s'y rattachent nécessairement. Dans ce cas, ils décident généralement que la demande incidente ne peut concourir à fixer le taux de l'appel. (Dijon, 5 janvier 1830; Cass., 5 mai 1840.)

A plus forte raison doit-il en être de même des frais et dépens de l'instance : c'est un accessoire véritable, une conséquence forcée du procès qui ne peut rien changer à la valeur de l'action principale.

Nous n'avons point à parler des dommages-intérêts réclamés incidemment par le demandeur : nous avons déjà fait entendre qu'ils entraient, et cela nécessairement, dans l'appréciation du litige, dont ils augmentent la valeur.

2° Voilà pour les demandes incidentes soulevées par le demandeur. Quant à celles qui, reconventionnellement, sont formées par le défendeur, la loi a pris le soin de les régler elle-même.

Les deux demandes (principale et reconventionnelle) rentrent-elles l'une et l'autre, considérées isolément, dans les limites du dernier ressort, aucun appel ne peut être interjeté, alors même que, réunies, elles excéderaient le taux indiqué par la loi. L'une d'elles dépasse-t-elle cette limite, toutes les deux deviennent susceptibles du second degré de juridiction. (Art. 2 de la loi du 11 avril 1838.)

Cette règle se conçoit parfaitement et s'explique quand la demande reconventionnelle a une origine, une cause distincte de l'action principale. Que l'on envisage alors isolément la question du ressort, rien de mieux : « *Duæ hypotheses, duplex negotium, alterum diversum ab eo.* » Mais lorsque au contraire elle se lie avec l'action originaire, qu'elle dérive de la même source, qu'elle lui est connexe, pourquoi ne pas admettre le cumul, l'addition? N'est-il pas vrai de dire alors que le procès s'agrandit sans se diviser?... Cette réflexion, qui fut faite à la Chambre des Députés, ne prévalut point, et voici pourquoi : Elle amènerait, dit-on, à donner aux tribunaux le droit de rechercher si la reconvention et l'action primitive ont une cause commune; de là mille difficultés qu'il est important d'éviter. On préféra donc considérer la reconvention comme un second procès, distinct et séparé du premier, quoique devant être probablement tranché en même temps. La question du ressort serait examinée séparément.

Toutefois, nous l'avons fait remarquer, il suffit que l'une des demandes excède le dernier ressort pour que toutes deux ne puissent être jugées qu'à charge d'appel. Il existe entre elles un rapprochement assez puissant, né fût-il que l'effet du hasard, pour amener cette dépendance réciproque, toute en faveur de l'action la plus importante. Bien mieux, le tribunal usât-il du droit qu'on lui reconnaît de disjoindre les deux demandes, en ordonnant pour chacune une instruction distincte, nous ne croirions pas que cette disjonction pût avoir pour effet de faire disparaître l'influence réciproque que notre article établit entre la reconvention et l'action principale. Il ne saurait dépendre des premiers juges de soustraire au double degré de juridiction leur décision sur la demande inférieure au taux de l'appel, en statuant séparément sur les prétentions des parties.

Bien entendu, au reste, qu'une reconvention excédant le taux du dernier ressort et rendant susceptible d'appel une affaire qui pouvait été jugée souverainement par le tribunal, ne peut avoir d'effet que sur les jugements à intervenir, et ne peut rétroagir sur ceux qui ont déjà décidé des questions préjudicielles ou des incidents de procédure. Rendus en dernier ressort, ces jugements ne peuvent ultérieurement devenir appellables. (Toulouse, 7 juillet 1829.)

Revenons au texte de la loi de 1838 : « Néanmoins, ajoute le § 3 de l'article, il sera statué en dernier ressort sur les demandes en dommages-intérêts, lorsqu'elles seront fondées exclusivement sur la demande principale elle-même. »

Vainement ces dommages-intérêts atteindraient une somme supérieure à 1,500 fr., l'appel restera impossible si, d'ailleurs, la demande principale n'en est point susceptible. Ce sont là de pures récriminations qui se confondent avec l'action originaire et qui ne peuvent en changer la nature au point de vue de compétence.

Les tribunaux ont été journellement saisis de la question de savoir quand réellement les dommages-intérêts sont exclusivement fondés sur la demande principale, et leur réponse peut, me semble-t-il, être formulée en ce sens : Du moment que le défendeur ne réclame des dommages-intérêts qu'en vue du préjudice à lui causé par l'action primitive, quel que soit, du reste, le genre de préjudice allégué. Si donc le défendeur se plaint d'une diffamation, d'une calomnie, d'une perte pécuniaire... la solution reste la même.

Tout autre serait la règle si les dommages-intérêts avaient pour cause un fait antérieur à la demande principale. Il est évident dès lors que ce fait fonde une action entièrement indépendante, et, qu'elle procède du défendeur ou du demandeur, elle doit concourir à augmenter la valeur du litige, exercer partant une influence directe sur la composition du ressort.

3° Pour en finir avec les demandes incidentes, il nous reste à dire un mot des incidents que la loi désigne sous un nom particulier, comme les demandes en désaveu, en vérification d'écriture, en inscription de faux. Ainsi que le déclare M. Rodière. t. I, p. 185, ces incidents suivent le sort de l'action principale dont ils ne sont qu'un accessoire. Le juge compétent, pour statuer en dernier ressort sur le fond du procès, les règle d'une façon souveraine et sans appel. Ce principe ne saurait fléchir que devant une exception spéciale, écrite dans la loi.

c. — Lorsqu'un même exploit contient plusieurs chefs de demande, ou quand il s'adresse à plusieurs défendeurs, quel peut être l'effet de cette réunion sous le rapport des degrés de juridiction?

Pour le cas où une personne plaidant contre une autre réunit plusieurs demandes en une seule, on a voulu bien longtemps établir une distinction : ou bien, disait-on, les diverses demandes ont une source commune et identique, ou bien elles dérivent de causes différentes. Dans la première hypothèse, le cumul se conçoit : c'est un procès unique dont chaque chef étend la portée. Mais dans la seconde, il n'en est plus de même : autant de chefs, autant de demandes distinctes, et l'on ne peut, semble-t-il, modifier la compétence du tribunal à l'égard de chacune par leur réunion dans un même exploit : « *Tot capita, tot sententiæ.* » — Quoi qu'il en soit, le législateur, en présence de l'intention manifeste du demandeur de joindre tous ses griefs en une seule instance, a préféré ne voir qu'une action unique devant régler la juridiction. C'est donc par la valeur totale que se détermine le premier ou le dernier ressort.

Si l'exploit renferme des demandes distinctes de la part d'une personne contre plusieurs, ou de plusieurs contre une seule, l'addition des différents chefs n'est plus possible, et c'est par leur importance respective qu'il faut se laisser guider. Que les demandes soient basées sur des titres communs ou personnels à tel ou tel des plaideurs, le résultat est le même : les intérêts sont divers, naturellement isolés, comment permettre au demandeur de les subordonner les uns aux autres par la seule rédaction de son ajournement? (Merlin, t. XV, v° Dernier ressort, § 7. — Carré, *Compét.*, art. 281, n° 294. — Henrion, *Compét. des juges de paix*, ch. 14. — Jousse, *Tr. des présid.*, part. 1, ch. 1, § 2, n° 2, et Benech., p. 150.)

La Cour de Cassation a fait de ce principe une application des plus logiques et des plus remarquables (arrêt du 25 janvier 1860). Voici dans quelle hypothèse : l'intérêt en litige était, au début du procès, et pour chaque plaideur, bien supérieur au taux de l'appel; mais voilà qu'une partie vient à mourir : au jour même de son décès, la division des créances et des dettes s'opère de plein droit entre ses héritiers, conformément à la règle *nomina ercta sunto* (art. 1220, C. Civ.). Dès lors naît la question de savoir si chacun de ces héritiers a au procès un intérêt supérieur au taux du dernier ressort, partant si l'appel est recevable en ce qui les concerne. La solution est-elle négative, l'affaire aura été pour eux jugée souverainement. — Cet exemple, qui se reproduit journellement au Palais, ne donne plus lieu à la moindre difficulté, et les tribunaux répètent à l'envi la décision de la Cour suprême.

Nous supposons, du reste, que les créances réclamées sont divisibles et susceptibles d'être disjointes. S'il en était autrement, c'est-à-dire, si les demandeurs ou les défendeurs étaient liés par la solidarité, nous nous trouverions incontestablement en face d'une obligation « *una et summa,* » comme dit Ulpien (*de duob. reis stipul.*), et dès lors il serait nécessaire de l'envisager dans son entier. Chaque codébiteur solidaire est bien tenu au tout vis-à-vis de celui qui l'actionne, et chaque cocréancier solidaire a bien droit au tout vis-à-vis de celui qu'il poursuit. Pourvu toutefois que le créancier, en s'adressant à l'un des débiteurs solidaires, ne l'ait pas assigné *en paiement de sa part :* car cette façon d'agir serait, aux termes de l'art. 1211 du Code Civil, considérée comme une renonciation à la solidarité, et l'appel subordonné à l'importance de la part réclamée.

De même, si l'obligation litigieuse était indivisible, il faudrait encore la considérer dans sa totalité. (Benech, p. 154.)

B. — DEMANDES INDÉTERMINÉES.

1° Il est des actions qui, par leur nature, par leur essence, sont forcément indéterminées : l'objet sur lequel elles portent ne se trouve point livré au commerce, ou le but immatériel qu'elles poursuivent rend impossible toute idée d'évaluation.

Dans sa préférence marquée pour l'appel, la loi a décidé que ces demandes, nécessairement indéterminées, ne seraient point susceptibles du dernier ressort. Et il devait en être ainsi une fois admis les principes que nous avons essayé de tracer jusqu'ici : l'appel est la règle, le dernier ressort une exception qu'imposait la nécessité.

Toutes les questions sur l'état politique ou civil des personnes, sur leur qualité, leur liberté, seront donc au premier rang placées parmi les demandes appellables quand même. Elles intéressent l'ordre social, et par leur importance réclament énergiquement toutes les

garanties que peut offrir notre organisation judiciaire.
— C'est par la même raison que les questions de compétence sont, en dépit de toute considération d'intérêt, à l'abri du dernier ressort. Elles touchent l'ordre public, et c'est assez.

De même encore, quoique portant indirectement sur un intérêt sensiblement appréciable, les actions en remise de titres, de succession, en nullité ou en révision de contrats, les demandes en partage, etc., sont, au dire de tous les auteurs, toujours passibles du second degré de juridiction. Leur but est effectivement immatériel : au lieu de consister en un chiffre plus ou moins élevé, il s'exprime par un nom technique qui représente un fait juridique et non une valeur pécuniaire.

Quant aux demandes en radiation d'hypothèque, la solution a paru ne pouvoir être la même : lorsque le débiteur poursuit une radiation de son hypothèque, le droit personnel de son adversaire est seul mis en litige ; ce qui peut donner matière à contestation, c'est l'obligation principale dont l'existence peut expliquer et entraîner celle de l'hypothèque, *toujours accessoire.* Si la créance est inférieure à 1,500 fr., l'affaire ne sera donc point appellable. — S'il s'agissait d'une simple réduction d'hypothèque *conventionnelle* ou *légale*, nous dirions de même : tout dépend de la somme dont on requiert la réduction.

L'action hypothécaire dirigée contre un tiers détenteur n'aurait plus le même caractère : entre le créancier et le tiers détenteur, tous les rapports naissent d'un droit réel. Ce sera donc le revenu produit par le fond qu'il faudra examiner pour la détermination du ressort. (Rodière, t. I, p. 182 ; Benech, p. 255.)

Ainsi que les actions en radiation d'hypothèque, les

contestations survenues dans le cours d'une procédure d'ordre devaient rentrer au nombre des demandes déterminées. Alors même qu'il s'agit d'une question de rang, de priorité ou de privilége, le débat ne peut, semble-t-il, avoir plus d'importance, plus d'étendue que la créance, cause immédiate du procès. Quelques esprits pensaient toutefois qu'il fallait envisager la totalité de la somme à distribuer et non pas seulement la somme contestée, et cette divergence causa souvent des contradictions dans la jurisprudence. La loi du 21 mai 1858 est venue mettre un terme aux controverses, en déclarant que la valeur de la créance contestée était seule à considérer.

Ces dernières solutions suffisent peut-être à faire comprendre le sens de l'interprétation que les tribunaux donnent chaque jour au principe qui soumet à l'appel les demandes d'une nature indéterminée :

Chercher avant tout l'objet du procès soulevé, le but véritable et immédiat auquel tend la demande, sans se laisser arrêter par les circonlocutions et les détours de langage, mais aussi sans dépasser les limites du débat. Examiner ensuite si cet objet, si ce but est d'une nature appréciable et susceptible d'une évaluation sérieusement fondée, ou si, au contraire, il est en dehors de toutes les bases d'estimation normales et légalement reconnues.

C'est, il faut l'avouer, une appréciation fort délicate, qui fatalement a causé et causera encore bien des contradictions, car avec chaque espèce varient les nuances et les motifs de décider.

2° Nous savons de quelles précautions s'entoure la loi, quand elle veut préciser le mode de détermination des demandes pouvant, le cas échéant, être jugées en dernier ressort.

Supposons une action qui, de sa nature, pouvait être

légalement évaluée par les parties, mais qui ne l'a pas été.

Appel encore possible.

Ainsi Primus n'a donné aucune estimation à la demande *mobilière* qu'il a intentée contre Secundus. L'affaire sera nécessairement indéterminée et partant appellable. — Il ne doit cependant pas dépendre du demandeur seul, a dit M. Carré (*L. de la Compét.*, n°s 281 et 286), de rendre la cause sujette à l'appel en évitant d'en préciser la valeur. La position si intéressante du défendeur réclame une limite à cet arbitraire, et l'équité veut que le défendeur soit en position d'évaluer lui-même l'action pour la faire juger en dernier ressort, si elle en est susceptible. Le demandeur accepte-t-il cette détermination, tout est tranché; la conteste-t-il, le tribunal s'éclairera par tous les moyens à sa disposition, expertise, enquête, et rendra jugement sur sa compétence. Cette décision sera, il est vrai, appellable, mais le fond pourra du moins être vidé souverainement. — Ce raisonnement n'avait garde de prévaloir, car le principe qui soumet au second degré toutes les demandes indéterminées, en était la condamnation la plus formelle. N'est-il pas évident, d'ailleurs, que l'inconvénient auquel veut remédier M. Carré est au fond beaucoup moins redoutable que cette occasion par lui offerte aux parties de parcourir toute la hiérarchie judiciaire et de s'épuiser en frais de toute nature avant d'en venir au fond de leur procès?

S'il s'agit d'une action *immobilière* que ne vient préciser aucun bail, aucun contrat de rente, elle rentrera, nous l'avons déjà vu, dans le nombre des demandes indéterminées. Mais bien mieux : celui qui l'a intentée ne pourra, au cours de l'instance, réduire ses conclusions à une somme de 1,500 fr. ou au-dessous, car ce serait enlever à l'action son caractère indéterminé, en lui substituant une évaluation non conforme au mode fixé par la loi. (Merlin, *Rép.*, v° dernier ressort, § 3 ; Carré, *De la Compét.*, art. 281, n° 288.) L'accord des parties, leur consentement à être jugées en dernier ressort, c'est-à-dire à proroger la juridiction du tribunal, pourrait seul amener une dérogation à la règle.

Quant au défendeur, il ne peut, en principe, ni dans un cas ni dans l'autre, c'est-à-dire que l'action soit mobilière ou immobilière, changer par ses conclusions la détermination du ressort : vainement argumenterait-il du caractère indéterminé de son moyen de défense pour recourir à l'appel.

En principe, disons-nous…, car nous prévoyons le cas le plus ordinaire où ses exceptions ne sont point de nature à augmenter la portée du litige. Si, en effet, son système consiste soit dans des fins de non-recevoir, soit dans une négation directe des prétentions de son adversaire, le fond du débat reste le même, son importance ne change pas. Mais si, au contraire, par l'effet de ses exceptions, la valeur de l'objet même du procès se trouvait étendue ; si le défendeur, au lieu d'accepter la discussion dans les termes mêmes où la proposait son adversaire, invoquait un moyen indirect, attaquant jusque dans sa racine le droit sur lequel reposait la demande et dont elle n'était qu'une conséquence, — la thèse deviendrait tout autre. Le débat serait agrandi, un nouvel élément de solution apparaîtrait.

Prenons un exemple qui, du reste, est proposé par M. Benech, p. 111 : Je vous actionne devant le tribunal en paiement d'une somme d'argent, pour arrérages d'une rente, et le montant de ces arrérages est inférieur au dernier ressort. Vous prétendez que la rente n'existe pas ou qu'elle est prescrite... Il ne s'agit plus seulement de savoir si vous me devez les arrérages, mais bien si vous êtes débiteur de la rente. Votre exception n'est plus un accessoire du litige, car elle porte sur sa cause même et tend à donner plus d'importance au débat. Si donc le capital de la rente, cumulé avec les intérêts réclamés, excède le taux du dernier ressort, l'appel sera nécessairement admissible. (Conf. Merlin, *Rép.*, v° dernier ressort, p. 447.)

Que décider lorsque les conclusions contiennent des demandes alternatives ou subsidiaires dont les unes sont indéterminées et les autres déterminées, susceptibles dès lors du dernier ressort?

On fait une distinction entre les actions mobilières et celles qui sont immobilières.

Je vous assigne en exécution d'une obligation *ou* en paiement d'une somme de 1,200 fr. : l'appel sera-t-il possible? Non, répondent la plupart des auteurs (Henrion, ch. 16; Carré, *L. de la Compét.*, art. 281, n° 311), car j'ai évalué ma demande en vous laissant le choix de tout terminer par le paiement d'une somme inférieure à 1,500 fr. Cette détermination tranche la question du ressort d'une façon souveraine.

Mais : je vous ai assigné en délaissement d'un immeuble d'une valeur indéterminée, si mieux vous n'aimiez me verser une somme de 1,200 fr. *Quid?* Adopter dans cette seconde hypothèse la solution que nous donnions dans la première, serait, dit M. Henrion, laisser au demandeur la permission de déterminer la valeur d'une action immobilière par un moyen que n'admet pas la loi : l'immeuble ne se trouvant évalué ni en rente ni par prix de bail, donne à la cause un caractère indéterminé qui la rend appellable. (Conf. Boncenne, 2e édit., introd., p. 342; Benech, p. 204.)

Nous nous sommes occupé avec le texte du mode de détermination en matière personnelle et réelle. Que dire des actions mixtes, à la fois personnelles et réelles? La loi n'en parle point. Quelle solution admettre?

Nous serions d'avis, pour conserver à l'action mixte son double caractère, de l'envisager et au point de vue personnel et au point de vue réel. L'une des deux valeurs, considérées individuellement, dépasse-t-elle les limites du dernier ressort, l'appel nous semblerait recevable. L'on ne peut, en effet, cumuler deux valeurs dont chacune, dans un sens différent, est en quelque sorte le représentant de l'autre.

Je vous ai vendu un immeuble moyennant moins de 1,500 fr., mais cet immeuble était loué plus de 60 fr. Peu après, je vous actionne en rescision pour défaut de paiement du prix; je me prétends en même temps propriétaire, revendiquant l'immeuble de la propriété duquel la vente m'avait dépouillé, et créancier, poursuivant un débiteur personnellement obligé à subir la résolution du contrat qu'il n'exécute pas. En tant que personnelle, l'affaire appartient au dernier ressort; comme réelle, elle en excède le taux. L'appel sera donc possible, car c'est la valeur la plus importante qu'il faut considérer, l'appel étant de principe.

Mais si la demande se composait de deux chefs distincts, l'un réel, l'autre personnel, comme dans ce cas : Je vous ai concédé un immeuble dont le revenu annuel est déterminé à la somme de 50 fr. Je vous actionne quelque temps après en rescision, et comme vous avez commis des dégradations, je conclus à 1,000 fr. de dom-

mages-intérêts... Le cumul serait de rigueur : les dommages-intérêts doivent entrer dans la computation du
ressort. Et pour rendre l'addition des deux chefs prati-
cable, on pourrait, nous semble-t-il, obtenir la valeur de
l'immeuble en capital, en prenant pour base le taux que
la loi de 1838 avait en vue lorsqu'elle établissait deux
limites corrélatives pour les matières mobilières d'un
côté, et pour les matières immobilières de l'autre. C'est
peut-être le moyen le plus naturel et le plus juridique de
sortir d'embarras. (Benech, p. 302.)

III. — Appel des ordonnances.

Afin que la marche de la justice ne fût pas entravée
par mille et mille détails réclamant d'ailleurs une prompte
expédition, la loi a voulu que, dans une foule de cas par
elle prévus, le tribunal pût être remplacé par son président ou par un de ses membres spécialement commis.

C'est la décision de ce magistrat chargé de représenter
un tribunal entier que l'on nomme ordonnance (1). De
toutes les ordonnances qui sont énumérées au Code,
quelles sont celles dont on peut appeler devant la Cour?
Nous n'avons à examiner ici, il faut le remarquer, que
les cas où l'ordonnance sera susceptible d'être portée
directement en appel à la Cour; si elle devait être soumise préalablement à l'appréciation du tribunal, nous
rentrerions dans le droit commun, et l'unique question

(1) Il est vrai que l'on connaît en procédure des ordonnances rendues par le tribunal entier (191, 192, 325, 329, Pr. Civ.). Mais nous
n'avions pas à nous occuper de ces rares exceptions, puisque ces
ordonnances, qui sont de véritables jugements, suivent, au point de
vue de l'appel, les règles du droit commun.

serait celle-ci : Le jugement du tribunal est-il en premier ou en dernier ressort?

Dès lors sont à écarter notamment :

1° Les ordonnances rendues par le juge commissaire préposé aux opérations de la faillite. C'est, en effet, devant le tribunal de commerce saisi de la faillite que doit être porté l'appel de ces ordonnances, quand la loi autorise cette voie de recours. — Je dis « l'*appel*, » car je ne saurais admettre l'opinion que professe M. Renouard dans son *Traité des Faillites*, et qui voit dans le recours dont parle l'art. 453 C. Com., non pas un appel, mais une opposition. L'opposition, en effet, est une voie de rétractation, rien de plus élémentaire : celui-là seul qui a statué peut donc se rétracter, peut être compétent sur opposition. L'art. 474 C. Com. vient, du reste, nous prouver que le législateur n'est point tombé dans une semblable erreur, lorsqu'il nous parle de l'appel devant le tribunal. Le jugement du tribunal sera nécessairement en dernier ressort, puisqu'aucune cause ne peut, en France, subir trois degrés de juridiction.

2° Les ordonnances qui ont été rendues sur contestation en matière d'ordre par le juge commissaire, et contre lesquelles la loi du 21 mai 1858 autorise l'opposition devant le tribunal. Je m'explique : un juge commissaire a été nommé pour procéder au classement de divers créanciers alléguant tel ou tel droit de préférence sur le prix d'un immeuble saisi, puis vendu par adjudication (art. 749 Pr. Civ.). Il somme chaque créancier de produire, puis dresse un premier état de collocation provisoire. Si personne ne proteste, ce règlement devient définitif; s'il s'élève des difficultés, il renvoie devant le tribunal, qui statue. Après quoi, le juge commissaire arrête définitivement par une ordonnance l'ordre des

créances contestées. Cette ordonnance est-elle susceptible
de recours? Oui, dit-on généralement, si le juge commissaire n'a pas suivi la décision du tribunal et ne s'y est pas
conformé. (Il en serait de même si, au lieu de renvoyer
devant le tribunal la connaissance des difficultés que nous
supposions tout-à-l'heure, il s'était arrogé le droit de tout
trancher par lui-même.) Et la loi de 1858 vient nous dire
que l'opposition devant le tribunal sera recevable.

Cette opposition n'est autre chose qu'une sorte d'action en nullité sur laquelle statuera le tribunal : et, au
point de vue qui nous occupe, se présentera la question
de savoir si le jugement est en premier ou en dernier
ressort. De la solution, déterminée du reste par les principes ordinaires, dépendra la compétence ou l'incompétence de la Cour.

— Dégagé de tout ce qui lui est étranger, reste le
problème par nous posé : quelles sont les ordonnances
appellables devant la Cour?

Il n'est peut-être pas de matière où l'on rencontre plus
de divergences et de contradictions tant en doctrine qu'en
jurisprudence. Le silence que garde le Code dans une
foule d'hypothèses, la confusion de mots dans laquelle il
est parfois tombé, ont ouvert le champ à tous les sys-
tèmes.

Posons quelques règles indispensables :

Première règle. — L'appel n'est recevable contre une
ordonnance que si le magistrat, en la rendant, a statué
au contentieux.

Chacun sait que le juge est investi d'une juridiction
gracieuse ou volontaire et d'une juridiction contentieuse.

C'est là une distinction capitale dans notre organisation judiciaire, vraie en matière d'ordonnances comme en
matière de jugements.

Dans le premier cas, aucun débat, aucun différend : le magistrat intervient plutôt pour autoriser, pour accorder ou rejeter ce qui lui est demandé, que pour prononcer une décision judiciaire véritable. Un intérêt pourra se trouver froissé, mais le droit restera intact, entier, et dès lors nul recours ne sera admissible : pas de préjudice réel, pas de réformation possible. Dans le second cas, au contraire, c'est-à-dire lorsque le juge est appelé à user de sa juridiction contentieuse, il est en face de préten-tions rivales, opposées ; l'ordonnance à intervenir tran-chera une contestation, mettra fin à une discussion, et dès lors constituera toujours un grief sérieux pour la partie qui succombera. La loi devait mettre à sa disposi-tion le moyen d'obtenir une réparation, une réformation, lui ouvrir la voie du recours.

Or, il faut le reconnaître avec la grande majorité des auteurs, la plupart des ordonnances émanent de la juri-diction gracieuse ; ce sont des actes de simple instruction, ayant pour objet seulement l'avancement de la cause. Le magistrat prononce sur les demandes d'une partie que la loi autorise à se présenter seule, sans appeler l'adver-saire, qui pourrait avoir quelque intérêt à contredire. Tirons la conséquence : le débat, la contradiction que le législateur a jugé prudent d'éviter antérieurement à l'or-donnance, seront aussi, et *à fortiori*, irrecevables posté-rieurement. Ni l'opposition, ni l'appel ne seront possibles ; mais libre à la partie qui se prétendra lésée de se pour-voir selon les règles du droit commun, en soumettant la question au tribunal de première instance. M. Chauveau, qui le premier a formulé cette théorie en matière d'or-donnances, l'appuie sur des raisons tellement juridiques et tellement équitables, qu'aujourd'hui tous les auteurs s'empressent d'y adhérer. — Seules, les ordonnances rendues *inter nolentes*, après discussion, seront susceptibles d'appel (1).

Deuxième règle. — L'appel devra être porté devant les Cours Impériales.

C'est qu'en effet, le magistrat qui rend une ordonnance remplace le tribunal entier, et la loi prend soin de s'expliquer d'une manière formelle quand elle veut faire exception à cette idée. Il suffit d'étudier la théorie des ordonnances sur référé, que le Code a réglée avec le plus de vigilance et qu'il semble regarder comme le type des ordonnances sujettes à appel, pour voir que dans la pensée du législateur le tribunal est représenté par son président ou par celui de ses membres qui rend l'ordonnance. La Cour Impériale peut seule dès lors connaître de l'appel d'une décision présumée émanant d'un tribunal de première instance.

Il est, du reste, de principe que les Cours Impériales, leur ancienne dénomination de Cours d'Appel en fait foi, sont compétentes pour connaître de tous les appels que la loi ne soumet pas expressément à une autre juridiction : or, le Code ne parle pas, d'une façon générale au moins, de l'appel des ordonnances. Si, par exception, il décide que le tribunal de commerce statuera sur les appels d'ordonnances rendues en matière de faillite (453, 474, Code Com.), c'est que le tribunal de commerce saisi de la faillite est plus à même que la Cour de donner une prompte solution. La célérité que réclament

(1) Chauveau, *Lois de la Procédure*, t. I, quest. 378. — Talandier, *De l'Appel*, nº 35 et suiv. — Rivoire, *eod.*, nº 74 et suiv. — Debelleyme, *Ord. sur requêtes et référés*, 2ᵉ édition, t. I, p. 88, 118 et *passim*. — Rodière, *Exposit. raisonnée des lois de la comp. et de la procéd.*, t. II, p. 133 et suiv.

les opérations d'une faillite justifie cette dérogation.

Ces deux règles posées, passons en revue les principales ordonnances :

I. — Ordonnances sujettes à l'appel devant la Cour Impériale dans le ressort de laquelle elles ont été rendues.

Ordonnances sur référé. — Ce sont de véritables décisions judiciaires émanant en principe du président d'un tribunal de première instance devant lequel on s'est pourvu pour faire statuer provisoirement en cas d'urgence, ou sur les difficultés relatives à l'exécution des jugements ou actes exécutoires.

Aux termes de l'art. 809, Pr. Civ., ces ordonnances sont sujettes à l'appel, et c'est la Cour Impériale qui est compétente pour en connaître. La loi assimile ces ordonnances à de véritables jugements, et c'est à juste titre. Les deux parties ont été averties à temps, elles peuvent se faire entendre et présenter leurs moyens respectifs sur l'objet du débat à vider. Le président rend donc une décision vraiment contentieuse, *inter nolentes*.

En appelle-t-on directement devant la Cour Impériale? — Oui; il en était ainsi avant le Code de Procédure, et il en doit être de même aujourd'hui. En vain dirait-on que le troisième alinéa de l'art. 809 semble, en opposant le mot ordonnance au mot jugement, supposer la nécessité d'une décision du tribunal pour faire courir les délais de l'appel. Cette procédure serait par trop contraire au vœu du législateur, c'est-à-dire à la prompte expédition des affaires urgentes, et l'on ne doit voir dans le texte qu'une simple inadvertance du rédacteur. L'art. 149 du tarif qui règle les frais sur appel des ordonnances de référé lève toute espèce de doute (1).

Le principe des deux degrés de juridiction reçoit ici son application : pour la fixation du premier ou du dernier ressort, l'art. 809 renvoie aux principes généraux, quand il dit : « ... Dans les cas où la loi autorise l'appel. » Les cas où la loi n'autorise pas l'appel sont ceux où la contestation était susceptible d'être jugée en dernier ressort.

C'est donc avec raison que l'on décide que l'appel des ordonnances de référé ayant pour objet l'exécution d'un jugement en dernier ressort est irrecevable.

Du reste, la quotité de la somme en litige n'influe pas sur le droit de se pourvoir en appel :

1° Quand il s'agit d'objets d'une valeur indéterminée;

2° Quand la partie attaque l'ordonnance pour raison d'incompétence;

3° Quand le juge s'est déclaré à tort incompétent.

Ces solutions ne sont que l'application des règles générales, les auteurs et la jurisprudence les consacrent à l'envi (2).

Ordonnances du président du tribunal de commerce. — Dans plusieurs cas déterminés par la loi, le président du tribunal de commerce est appelé à rendre des ordonnances, notamment :

Pour abréger les délais de l'assignation;

---

(1) MM. Carré et Chauveau, quest. 2774. — Bilhard, *Des Référés*, p. 741. — Debelleyme, t. II, p. 47. — Thomine Desmazures, t. II, n° 947. — Favard, v° *Référé*, p. 778. — Pigeau, t. I, p. 115. — Bioche, v° *Appel*, n° 46. — Talandier, *De l'Appel*, n° 37. — Turin, 10 août 1807. — Cassation, 12 avril 1820.

(2) Voir Dalloz, v° *App. civ.*, n°s 376, 378, 379.

Pour autoriser les saisies conservatoires (417, Pr. Civ.);

Pour nommer les experts (dans le cas de l'art. 106, C. Com.).

Et ces ordonnances sont encore susceptibles d'appel, aux termes de l'art. 417, C. Pr. Civ.

On s'est étonné à bon droit de cette disposition de la loi, dont le but est d'accélérer la marche des affaires dans tel et tel cas par elle déterminés, et qui en même temps semble autoriser des longueurs. Nous allons voir que les mêmes ordonnances au civil sont regardées par la plupart des auteurs comme des actes de juridiction gracieuse, pouvant froisser des intérêts mais non violer des droits, et partant non susceptibles de recours. Au Commerce, l'art. 417 C. Com. rend cette opinion insoutenable.

M. Chauveau, sur Carré (quest. 1492 *bis*), voit là une véritable erreur législative, une exception que rien ne justifie.

Ordonnance qui taxe les frais de désistement. — Quand une partie se désiste de son action, elle se soumet implicitement à l'obligation de payer tous les frais : une ordonnance du président du tribunal vient régler ces frais (403, Pr. Civ.), parties présentes ou appelées par acte d'avoué à avoué.

Cette ordonnance, dit l'article précité, si elle émane d'un président de tribunal de première instance, sera sujette à appel, et ce sera la Cour Impériale qui connaîtra de cet appel.

Là, en effet, il ne saurait y avoir aucun doute : les parties sont appelées à comparaître devant le président, chacun présente ses observations, il y a débat, contradiction ; l'ordonnance est donc contentieuse. Remarquons dans la fin de cet art. 403 la confirmation du principe par nous posé : le tribunal tout entier est représenté par son président, lorsque celui-ci rend une ordonnance, et dès lors la Cour Impériale doit seule être compétente sur appel. « Cette ordonnance, dit le texte, si elle émane d'un président de tribunal de première instance, sera exécutée nonobstant opposition ou appel ; elle sera exécutée nonobstant oppositition, si elle émane d'un président de Cour Impériale. » Dans le premier cas, l'appel sera possible, parce qu'au-dessus du tribunal se trouve la Cour ; dans le second, l'opposition sera bien admissible, mais non l'appel, puisqu'au-dessus de la Cour nous ne possédons aucune juridiction qui puisse prononcer une réformation.

L'*ordonnance* que rend le président du tribunal civil, *sur opposition mise aux qualités d'un jugement*, est-elle susceptible d'appel ?

La question a dû naître bien souvent dans la pratique. La partie qui veut lever un jugement contradictoire est tenue, aux termes de l'art. 142, Pr. Civ., de signifier à l'avoué de son adversaire les qualités, contenant les noms, professions et demeures des parties, les conclusions et les points de fait et de droit. » — Si l'avoué veut s'opposer aux qualités, « sur un simple acte d'avoué à avoué, dit l'art. 145 Pr., les parties seront réglées sur cette opposition par le juge qui aura présidé... »

Il semble bien, d'après les principes que nous avons essayé de poser dès le début, que l'ordonnance dont nous nous occupons soit sujette à l'appel, puisqu'à tous les points de vue elle rentre dans la juridiction contentieuse : rendue *inter nolentes*, elle n'intervient qu'après un débat. — Cette opinion a du reste été consacrée par un arrêt de la Cour de Bordeaux du 22 mai 1840, et elle est aussi professée par un auteur des plus recommandables (1).

Mais la jurisprudence et la doctrine, il faut le reconnaître, ont généralement admis que cette ordonnance était un acte de pouvoir discrétionnaire non-susceptible d'appel (2). En demandant la réformation sur le fond, a-t-on dit, la partie pourra réclamer contre les griefs qui résultent pour elle des additions ou des changements quelconques qui auraient été faits aux qualités, nonobstant son opposition.

Cette solution simplifie à coup sûr les choses, mais, je le répète, elle constitue une dérogation aux principes.

II. — Ordonnances non susceptibles d'appel.

Nous en avons fini avec les ordonnances appellables devant la Cour, et nous croyons toutes les autres rendues en dernier ressort. *Ratione materiæ*, la Cour Impériale serait donc incompétente pour en connaître.

C'est qu'en effet elles rentrent, selon nous, dans le domaine de la juridiction gracieuse ou volontaire; et ne constituant pas une décision judiciaire véritable, ne pouvant être assimilées à un jugement, elles ne sont pas susceptibles de subir les deux degrés de juridiction.

Examinons-en quelques-unes des plus remarquables :

Ordonnance permettant d'arrêter un étranger. — Le président du tribunal dans l'arrondissement duquel se trouve un étranger n'ayant point en France de domicile, peut ordonner, dans certains cas, l'arrestation provisoire de cet étranger sur la requête du créancier français (loi

(1) Berriat-Saint-Prix, *Proc. Civ.*, p. 407, n° 14.
(2) Dalloz, v° *Appel Civil*, n° 408. Voyez les auteurs cités.

du 17 avril 1832). L'ordonnance qu'il rend à cet effet est-elle appellable devant la Cour? Non, la Cour n'en peut connaître, et nous irons même jusqu'à dire qu'une pareille ordonnance n'est susceptible d'aucun recours! A cette proposition, je le sais, on peut se récrier et faire valoir toute l'importance, toute la gravité d'une décision qui touche à la liberté et à l'indépendance d'un individu; mais quelle conclusion en tirer au point de vue où nous nous plaçons? Sans doute l'étranger pourra réclamer par les voies de justice ordinaires et en jouissant du double degré de juridiction, contre les effets de la mesure préventive dont il a été l'objet et demander en conséquence sa mise en liberté; mais sa réclamation ne sera autre chose qu'une demande nouvelle, occasionnée, il est vrai, par l'ordonnance du président, mais s'en distinguant essentiellement, au point que les règles de compétence seront complètement changées. L'ordonnance a été rendue sur simple requête du créancier; et, en vertu du pouvoir discrétionnaire que la loi lui accorde, le président a statué souverainement sur la question à lui soumise. Sa décision était assurément de nature à causer un préjudice à l'étranger; mais ce préjudice n'était que provisoire. La victime était à même d'y remédier, car elle pouvait immédiatement se pourvoir au principal : son droit restait donc entier contre une mesure nécessitée d'ailleurs par des considérations dont on ne saurait contester la valeur. (Cassat., 2 mai 1837.)

L'ordonnance d'envoi en possession, rendue au profit du légataire universel (art. 1008, C. Civ.), ne peut, ont dit quelques jurisconsultes, être considérée comme un acte émanant de la juridiction gracieuse, et dès lors à l'abri de tout recours; car elle amène des résultats trop

graves et trop importants. Ne change-t-elle pas complètement la position des parties? Ne lèse-t-elle pas au plus
haut point les intérêts des héritiers légitimes, en leur im-
posant la preuve et en rendant dès lors le testament pré-
sumable? — Cette réflexion n'est pas, je le veux bien,
dénuée de fondement, mais je n'hésite cependant pas à
envisager l'ordonnance d'envoi en possession comme un
acte purement gracieux. Elle ne constitue pas, en effet,
un titre irréfragable, contre lequel les héritiers ne pourraient protester; car ils peuvent ultérieurement agir devant le tribunal et faire valoir leurs prétentions. Ce n'est
que l'application du principe qui, en l'absence d'héritiers
à réserve, accorde la saisine de la succession du testa-
teur au légataire universel. Il n'y a pas eu de contradiction, pas de décision judiciaire.

Quant à *l'ordonnance autorisant une saisie-arrêt* (ar-
ticles 557 et 558), nous pourrions répéter ce que nous
avons déjà dit, et appliquer les mêmes solutions : elle
appartient à la juridiction gracieuse. La saisie-arrêt
n'est, au fond, qu'une mesure préventive qui ne saurait
compromettre définitivement les droits du débiteur saisi.

De même encore, en ce qui concerne les *ordonnances
rendues en matière de séparation de corps* : elles ne sauraient être considérées comme des jugements, et, partant,
elles ne sont point appellables.

IV. — Appel des sentences arbitrales.

Les décisions arbitrales ont été bien longtemps considérées comme incompatibles avec l'idée de l'appel.

Si nous consultons le droit romain, nous voyons qu'il
était interdit d'appeler d'une sentence arbitrale, et qu'ordinairement une peine était stipulée contre celui qui ne

s'en tiendrait pas au prononcé de l'arbitre. (L. 1, C. *De receptis.*)

Moins rigoureuse, la loi du 16 août 1790 permettait l'appel, mais seulement dans le cas où les parties se l'étaient réservé dans le compromis, c'est-à-dire dans le contrat par lequel les parties s'engagent à soumettre leur contestation à la décision d'un ou de plusieurs arbitres.

Notre Code de Procédure a mis fin à cette véritable dérogation aux règles du droit commun, et applique aux arbitrages le grand principe des deux degrés de juridiction. A moins d'une convention contraire, le droit d'appel est de principe en cette matière.

Examinons donc quelle est au juste la compétence des Cours Impériales en fait d'appel des sentences arbitrales.

Comme nous le disions tout-à-l'heure, l'appel est la règle, et, sous ce rapport au moins, les sentences arbitrales sont assimilées à de véritables jugements.

Mais il faut aller plus loin, car l'appel des sentences arbitrales a paru plus favorable au législateur que l'appel des jugements émanés des tribunaux. En effet, l'art. 1023 du Code de Procédure Civile s'exprime en ces termes :

« L'appel des jugements arbitraux sera porté devant
« les Cours Impériales pour les matières qui eussent été,
« soit en premier, soit en dernier ressort, de la compé-
« tence des tribunaux de première instance. »

De là, il résulte clairement que les Cours sont com-pétentes pour connaître des sentences rendues sur des discussions susceptibles d'être jugées *en dernier ressort* par les tribunaux civils ou de commerce. Il semble que le législateur ait vu dans les arbitres des hommes in-vestis d'une juridiction purement temporaire et non soumise aux règles et démarcations fixées par la quotité de l'intérêt en litige.

Cependant, nous devons dire que cette interprétation, admise, du reste, par la grande majorité des auteurs (Pigeau, *Commentaire*, t. 2, p. 722; Boitard, t. 3, p. 429 et 473; Bioche, n° 535; Rodière, t. 3, p. 32; Chauveau sur Carré, n° 3370; Favart, t. 1, p. 204), est en contradiction évidente avec les travaux préparatoires du Code, et notamment avec la discussion qui eut lieu à la section du Tribunat. Il suffit de parcourir les diverses observations échangées à ce propos pour s'apercevoir que la règle commune sur le premier et le dernier ressort ne faisait aucune difficulté, et que chacun en supposait implicitement l'application.

L'art. 1010, Pr. Civ., vient encore rendre cette contradiction plus frappante, lorsqu'il établit que les sentences arbitrales sur appel ou sur requête civile seront en dernier ressort. Est-ce donc parce que, dans ce cas, une décision judiciaire serait déjà intervenue, que les arbitres seraient investis du pouvoir de juger souverainement? Et si la loi a jugé prudent de soumettre quand même à la juridiction des Cours Impériales une sentence arbitrale rendue sur une contestation inférieure à 1,800 fr., comment comprendre que ces mêmes arbitres puissent confirmer ou réformer à leur gré, à l'abri de tout appel, des jugements qui règlent peut-être des intérêts beaucoup plus considérables?

Quoi qu'il en soit, le texte est formel : nous voyons là une dérogation véritable au droit commun.

Une seconde dérogation, toujours dans le même ordre d'idées, résulte, ont dit quelques esprits, de l'organisation des voies de recours contre les sentences arbitrales, telle qu'elle a été fixée par le Code. L'art. 1028, Pr.

Civ., prévoit, en effet, certains cas où les voies de recours habituelles contre les décisions judiciaires sont changées en matière d'arbitrages, où notamment ce n'est plus au moyen de l'appel, mais par l'opposition en nullité que l'on attaque une sentence. — Voici dans quels termes se pose la question : Le Code de Procédure admet contre les décisions arbitrales trois modes de recours, qui sont : l'appel, la requête civile et l'opposition en nullité. Ce dernier mode, l'opposition en nullité, qu'il ne faut point confondre avec l'opposition réservée contre les jugements par défaut puisque les sentences d'arbitres n'en sont point susceptibles (art. 1016, Pr. Civ., *in fine*), s'emploie dans les différents cas prévus par l'art. 1028 :

1° Si le jugement arbitral a été rendu sans compromis ou hors des termes du compromis;

2° S'il l'a été sur compromis nul ou expiré.

3° S'il n'a été rendu que par quelques arbitres non autorisés à juger en l'absence des autres;

4° S'il l'a été par un tiers sans en avoir conféré avec les arbitres partagés;

5° Enfin, s'il a été prononcé sur choses non demandées.

Résulte-t-il de là que, dans l'une des hypothèses précédentes, la voie de l'opposition en nullité sera seule ouverte, que dès lors les règles de compétence à suivre seront celles qui régissent notre action en nullité et qu'un tribunal civil pourra seul être valablement saisi? (1028, *in fine*.)

Supposons une sentence arbitrale rendue en premier ressort : une des parties interjette appel et s'adresse à la Cour Impériale pour obtenir une réformation, en se

fondant sur un des moyens énumérés dans l'art. 1028.
La Cour sera-t-elle compétente pour statuer?

Non, a-t-on dit, parce que la sentence entachée d'un
des vices prévus par l'art. 1028 ne peut pas être com-
parée à un jugement : or, la voie de l'appel suppose
implicitement l'existence d'un jugement, contient une
reconnaissance de la sentence en tant que jugement
arbitral. (Bellot, t. III, n° 362.)

L'affirmative me paraît seule admissible, et cela, pour
deux raisons : la première se tire des expressions mêmes
qu'emploie l'art 1028 : « Il ne sera besoin de se pour-
« voir par appel... etc. » La loi me semble, dans l'intérêt des parties, avoir offert un nouveau mode de recours contre les sentences viciées d'illégalités : à l'appel
et à la requête civile qui doivent être, à peine de déchéance, exercés dans des délais restreints et limités,
elle ajoute l'opposition en nullité, pour laquelle aucun
délai n'est imparti et qui dès lors n'est prescrite que par
trente ans. — En second lieu, il est faux de dire que
l'appel implique l'existence d'un jugement régulier; car
en droit commun nous voyons au contraire des jugements
rendus en première instance et soumis à la juridiction
supérieure pour vices de nullité radicale. L'appel est
même, on le sait, la seule voie possible contre un jugement *en premier ressort* et infecté d'un défaut de forme
susceptible de le rendre nul. Le Code de Procédure ne
fait point exception à ce principe, il ouvre seulement un
mode de recours en plus. (Carré, n° 3383; arrêt de
Rennes du 27 février 1817.)

Laissons donc de côté cette prétendue distinction.

En cas d'appel d'une sentence arbitrale, quelle Cour
Impériale sera compétente?

La Cour dont dépend le tribunal au greffe duquel la sentence a été déposée. Je m'explique. Pour reconnaître à la sentence force exécutoire, la loi exige qu'elle soit suivie d'une ordonnance dite d'*exequatur*, émanée d'un magistrat véritable. Ainsi s'exprime l'article 1020 Pr. Civ. : « Le jugement arbitral sera rendu exécutoire par une ordonnance du président du tribunal de première instance dans le ressort duquel il a été rendu ; à cet effet, la minute du jugement sera déposée dans les trois jours par l'un des arbitres au greffe du Tribunal. »

Que l'affaire soit civile ou commerciale, aucune distinction n'est à établir : c'est le président du tribunal civil dans le ressort duquel la sentence a été rendue qui appose l'ordonnance d'exequatur, et dès lors il est facile de déterminer la Cour compétente sur appel.

« Mais, continue l'art. 1020, s'il avait été compromis « sur l'appel d'un jugement, la décision arbitrale sera « déposée au greffe (de la Cour Impériale), et l'ordon- « nance rendue par le (premier) président de cette Cour. » De même si la sentence était intervenue sur appel d'une sentence arbitrale en premier ressort, elle serait déposée au greffe de la Cour.

Ces dernières solutions ont donné lieu à la difficulté suivante :

Il a été compromis par un seul et même acte sur une affaire susceptible d'être portée ou déjà portée en appel devant une Cour Impériale, et sur une autre affaire non encore soumise à l'appréciation des tribunaux : l'appel de la sentence à intervenir sera-t-il possible ?

Non, car il ne saurait y avoir, en aucune cause, plus de deux degrés de juridiction, et c'est pourtant ce qui arriverait dans le système inverse pour le chef déjà réglé par une décision judiciaire. On peut au contraire renoncer au premier degré (1), et c'est l'intention que l'on doit supposer aux parties signant un compromis dans de semblables conditions.

Mais où se fera le dépôt de la sentence? Au greffe du tribunal de première instance ou bien à celui de la Cour du ressort? La question a son importance, et de sa solution dépend celle de savoir qui, de la Cour ou du tribunal, sera compétent, dans le cas où les parties recourraient à l'opposition en nullité de l'art. 1028, laissée, comme nous allons bientôt le voir, à leur disposition.

Plusieurs auteurs, après M. Carré, ont répondu qu'il était conforme au vœu de la loi de faire deux originaux de la sentence et de les déposer, l'un au greffe de première instance et l'autre au greffe d'appel, afin que chaque président y appose son ordonnance en ce qui le concerne. (Rodière, t. III, p. 30; Mongalvy, n° 317; Goubeau, t. I, p. 410.)

Mais cette solution ne me semble pas complète, puisqu'elle laisse presque entière la question de savoir quelle juridiction sera compétente en cas d'opposition. Si nous supposons, en effet, la sentence attaquée par opposition fondée sur un moyen de nullité entachant la sentence tout entière et non pas seulement la partie qui tranche la difficulté déjà soumise aux tribunaux ou le chef encore intact, *quid?* L'opinion précédente ne le dit point.

Je préfère donc soutenir que la Cour Impériale seule sera compétente pour connaître de l'opposition; — que c'est à son greffe que le dépôt devra être fait, car, dans l'espèce, il y a compromis sur appel; et, aux termes de l'art. 1020, dès qu'il y a compromis sur appel, le premier président de la Cour doit rendre l'ordonnance. —

(1) Nous aurons lieu de le démontrer.

Je n'admettrais même pas la distinction proposée par MM. Chauveau et Dalloz, qui consisterait à examiner l'importance respective des intérêts déjà soumis aux tribunaux et de ceux qui n'avaient point encore soulevé de débat, conformément à la règle : « *accessorium sequitur principale.* » L'art. 1020 est, selon moi, un principe général et absolu.

— Avant d'en finir avec les sentences arbitrales, il nous reste à examiner une question se rattachant à la disposition tout exceptionnelle de l'art. 1028 du Code de Procédure.

Les sentences arbitrales rendues sur appel sont-elles susceptibles de l'opposition en nullité?

Je répondrai affirmativement, car si l'art. 1010 décide que les sentences arbitrales sur appel seront définitives et sans appel, il ne tranche nullement la question, il fait simplement de ces décisions des jugements en dernier ressort. Or, une sentence en dernier ressort (si par exemple les parties avaient renoncé au droit d'appel) serait-elle susceptible de l'opposition? Oui, sans doute : en renonçant au droit d'appel, elles ont consenti d'avance à accepter le jugement arbitral comme définitif, pourvu que ce fût un jugement. Mais l'art. 1028 suppose une décision qui n'est pas comparable à un jugement : elles ont renoncé à attaquer la solution des arbitres sur le fond du litige, si elle a les éléments de vie nécessaires; mais non pas à attaquer la sentence pour des vices d'existence radicaux. De même une sentence rendue sur appel et entachée de l'un des vices énumérés par l'article 1028, n'existe pas à proprement parler et ne peut vivre. — Ce mode de raisonner est peut-être en dehors des règles communes, en dehors même des principes généraux par nous posés; mais l me semble autorisé par la disposition tout exceptionnelle de l'art. 1028. Cet article, d'ailleurs, vient nous apprendre *in fine* que le pourvoi en Cassation ne peut être exercé contre les sentences arbitrales. Enlèvera-t-on aux parties le moyen de l'opposition en nullité qui, dans certains cas, sera pour elles le seul recours possible contre une sentence en dernier ressort?

V. — Appel des Jugements des consuls.

Dans le but de protéger ses nationaux, la France entretient aujourd'hui des consuls dans la plupart des pays de quelque importance commerciale.

Accrédités près du gouvernement sur le territoire duquel ils résident, et investis d'une juridiction nécessairement très-étendue, les consuls ont notamment, c'est le seul point dont nous ayons à nous occuper, le droit de statuer entre Français sur certaines contestations civiles et commerciales. Leurs décisions seront-elles susceptibles d'appel?

L'affirmative n'est pas contestée, et l'édit de juin 1778, encore en vigueur, au moins sur la question que nous examinons (rapport de M. Parant sur la loi des 28 mai, 1er juin 1836), s'exprime ainsi dans son art. 37 : « Les appellations des sentences de nos consuls, établis tant aux échelles du Levant qu'aux côtes d'Afrique, ressortiront à notre parlement d'Aix, et quant aux autres consulats, à celui de nos parlements le plus proche du lieu où la sentence aura été rendue. »

Les Cours Impériales ont remplacé à cet égard les parlements (Merlin, *Rép.*, v° consul, § 2, n° 6), et il est de jurisprudence constante que la Cour Impériale la plus voisine du lieu où une sentence de consul a été rendue, est compétente pour statuer sur appel, pourvu qu'elle ait vraiment été substituée à un parlement, car il faut demeurer dans les termes de la loi.

Il n'y a même pas lieu de considérer le *quantum* de la condamnation, la quotité du litige, car, ainsi que le fait remarquer M. Pardessus (n° 1473, *in fine*), l'édit n'accorde pas aux consuls le droit de juger en dernier ressort. C'est le cas, ou jamais, de dire qu'en principe la *loi regarde l'appel d'un œil favorable*.

SECTION II.

EN PREMIER & DERNIER RESSORT.

1. — Exécution des arrêts.

En principe, et d'une manière générale, il est vrai de dire que les Cours Impériales connaissent de l'exécution de leurs arrêts : si donc une difficulté surgit au cours de l'exécution d'un arrêt, ou, pour préciser davantage, s'il naît une circonstance susceptible d'arrêter ou de suspendre la mise à exécution d'un arrêt, commencée mais non encore accomplie, c'est à la Cour, aux auteurs de la décision, qu'appartiendra le droit de prononcer.

Un tel principe ne se justifie pas, car son utilité est d'évidence. Quels juges seraient plus à même d'interpréter une décision, d'en donner le véritable sens et d'en préciser l'application, que ceux-là même qui l'ont rendue en connaissance de cause ?

L'art. 472 Pr. Civ., qui règle cette matière, s'exprime en ces termes :

« Si le jugement est confirmé, l'exécution appartiendra au tribunal dont est appel ; si le jugement est infirmé, l'exécution, entre les mêmes parties, appartiendra au tribunal d'appel qui aura prononcé, ou à un autre tribunal qu'il aura indiqué par le même arrêt : sauf les cas de la demande en nullité d'emprisonnement, en expropriation forcée, et autres dans lesquels la loi attribue juridiction. »

Ce texte a peut-être le tort de ne pas mettre suffisamment le principe en lumière, de ne pas lui donner assez de relief, mais au moins il est complet, et nous étudierons successivement les trois hypothèses qu'il prévoit :

Cas de confirmation ;

Cas d'infirmation ;

Cas d'attribution spéciale de compétence.

1° *Confirmation*. — Si la Cour a confirmé dans toutes ses dispositions la décision judiciaire dont l'appel lui était soumis, elle n'est pas compétente pour connaître de l'exécution de son arrêt.

Pour cela, dirons-nous que le principe par nous posé dès le début soit anéanti? Eh non! car s'il est vrai que la Cour Impériale a rendu un véritable arrêt, elle n'a rien créé à nouveau dans l'hypothèse que nous examinons. Elle n'a fait que confirmer une décision judiciaire préexistante, en lui donnant un caractère de souveraineté qu'elle n'avait pas. Grâce à l'appel, les effets de cette décision première avaient été un moment suspendus, la question par elle vidée avait été de nouveau et tout entière dévolue à la juridiction supérieure; mais une fois l'arrêt confirmatif prononcé, l'effet suspensif et l'effet dévolutif dont nous parlions tout-à-l'heure ont complètement disparu, et dès lors qu'est-il resté? Le jugement primitif, désormais absolu... Quelle exécution pourront poursuivre les parties? L'exécution de la décision originaire, qui subsiste comme s'il n'y avait pas eu d'appel.

Surgit alors cette question : Quels juges seront compétents pour connaître de l'exécution?

Sans entrer dans l'examen approfondi de ce problème, qui sort des limites de notre travail, répondons par une distinction :

Si le jugement confirmé émane d'un tribunal civil de première instance, c'est à ce tribunal que revient le droit de connaître des difficultés qui peuvent résulter de l'exécution;

S'il émane d'un tribunal dit d'exception, en autres termes, d'un tribunal de commerce, de paix, de prud'-hommes... son exécution ne peut être de la compétence des juges qui l'ont rendu : c'est un principe élémentaire. Quelle règle adopter?

Carré (n° 1695) pense que l'intérêt pour les parties d'avoir pour juge de l'exécution celui qui connaît le fond de l'affaire, devrait décider le juge d'appel à retenir pour lui l'exécution du jugement confirmé.

Mais cette solution est trop contraire au texte de l'art. 472, qui distingue si nettement entre le cas de confirmation et celui d'infirmation, pour être admise : c'est plutôt, conformément à l'art. 553 du Code de Procédure Civile, devant le tribunal d'arrondissement du lieu où l'exécution doit être poursuivie, et non pas, comme le propose M. Favard (t. 1, p. 188), devant le tribunal dans le ressort duquel est situé le tribunal d'exception qui a rendu la sentence dont il s'agit, que devront être portées les difficultés survenues au cours de l'exécution. (Conf. Boitard, t. II, p. 283.)

Que si, tout en confirmant la décision des premiers juges dans toutes ses dispositions, la Cour prononçait sur les demandes nouvelles qui lui sont soumises (en conformité de l'art. 464 P. Civ.), ce serait encore au tribunal dont le jugement a été maintenu qu'appartiendrait l'exécution. La connexité entre les différents chefs du jugement et ceux que la Cour a ajoutés nécessite, a-t-on dit, cette attribution de compétence. (Pigeau, t. II, p. 52; Talandier, p. 466, et Carré et Chauveau, n° 1697bis.)

De même, la Cour déclare-t-elle mettre à néant la décision des premiers juges; mais, par le fait, confirme-t-elle le jugement dont appel, tout en adoptant une autre base d'appréciation; notre règle de compétence reçoit encore son application et le tribunal conserve la connaissance de l'exécution. (Cassat., 10 août 1841.)

2° *Infirmation.* — Le jugement attaqué a-t-il été infirmé par l'arrêt de la Cour Impériale, c'est à celle-ci qu'appartient le droit de statuer sur les difficultés provenues de l'exécution de son arrêt. (472, § 2.)

Ce principe, si conforme au bon sens, garantit la partie qui avait succombé en première instance contre la partialité à laquelle auraient pu involontairement se laisser entraîner les juges, auteurs de la décision frappée d'appel, s'ils avaient été chargés de prononcer sur l'exécution de l'arrêt.

Remarquons la généralité des expressions de notre texte : aucune distinction n'est établie entre les divers motifs d'infirmation, entre les différentes décisions qui peuvent être soumises à la juridiction de la Cour. — En faut-il conclure que l'art. 472, § 2, ne s'applique pas seulement au cas où le jugement est infirmé au fond, et que, dans l'hypothèse d'un jugement simplement incidentel, réformé, la connaissance de l'exécution ne saurait être confiée aux premiers juges? Cette opinion me paraît découler logiquement du texte, et je l'admettrai d'autant plus volontiers, que, s'il est vrai que le tribunal dont le jugement incidentel a été réformé n'a point encore émis d'opinion sur le fond, il a cependant vu sa décision rejetée. Or, ce n'est pas seulement le souvenir d'une opinion déjà émise que la loi redoute, mais aussi le déplaisir que peut ressentir le juge par suite de l'infirmation de sa sentence. (*Contrà*, Talandier, p. 471; Chauveau, n° 1696*bis*.) Cette argumentation nous conduirait à étendre l'article même au cas où l'infirmation aurait lieu pour vice de forme, puisque la loi ne fait aucune distinction. (Merlin, quest., v° *Appel*, § 14; Carré et Chauveau, quest., 1698*ter*; Talandier, p. 472; Bioche, v° *Appel*, n° 384.)

Inutile d'ajouter qu'il importe peu que le jugement émane d'un tribunal ordinaire ou d'un tribunal d'exception.

Mais plus difficile est la question de savoir comment appliquer l'art. 472 quand le jugement est confirmé sur certains chefs et infirmé sur d'autres... Faut-il, avec le principe : *tot capita, tot sententiæ*, diviser l'exécution et en accorder la connaissance par partie à chacune des juridictions, savoir, au tribunal pour les chefs confirmés, et à la Cour pour les chefs infirmés? Faut-il, au contraire, pour éviter les longueurs et les frais de procédure, attribuer la connaissance entière de l'exécution soit au tribunal qui a rendu le jugement, soit à la Cour qui l'a infirmé sur quelques points seulement?

La solution semble incontestable quand le procès est indivisible ou quand il y a connexité entre les différents chefs du jugement : la Cour peut alors ou retenir la connaissance entière de l'exécution ou la renvoyer au tribunal qui a statué, selon que les chefs infirmés sont ou principaux ou accessoires. (Thomine, t. I, n° 521; Carré,

Chauveau, n° 1607; Pigeau, t. II, p. 54; Talandier, p. 476.) Cette hypothèse écartée, le problème a donné naissance aux opinions les plus opposées : la jurisprudence s'est décidée dans un sens et dans l'autre. Quel avis adopter? — Le texte ne faisant aucune distinction entre une infirmation entière et une infirmation partielle, je préfère repousser un morcellement, une scission dans l'exécution, que condamne d'ailleurs l'intérêt des parties, et me prononcer en faveur de la compétence de la Cour pour l'exécution entière de l'arrêt. Je trouve dans un arrêt de la Chambre des requêtes, en date du 17 janvier 1831, la formule exacte de ce système : « ... Attendu « qu'en statuant par l'art. 472, qu'en cas d'infirmation « l'exécution appartient à la Cour Royale qui a prononcé, « la loi n'a pas fait exception du cas où le jugement « attaqué par la voie de l'appel n'aurait été réformé que « dans une de ses dispositions : qu'il n'est pas permis « de distinguer où la loi ne distingue pas, et qu'il est de « l'intérêt bien entendu des parties que le procès entier « puisse être terminé par un seul arrêt... »

Si la Cour, au lieu de prononcer l'infirmation proprement dite d'un jugement définitif, se bornait, par un avant faire droit, à ordonner des mesures préparatoires ou interlocutoires, tous actes de procédure auxquels le premier juge n'avait pas cru devoir recourir, c'est à elle qu'appartiendrait l'exécution de ces avant faire droit; non pas d'après l'art. 472, puisqu'il n'y aurait pas eu d'infirmation, mais d'après ce principe général que : les difficultés d'exécution d'une sentence sont de la compétence du juge qui a statué, alors surtout que la décision se rapporte à l'instruction de la cause.

Dans toutes ces hypotèses, la Cour peut, au lieu de

retenir pour elle la connaissance de l'exécution de son arrêt, la renvoyer à un tribunal *autre que celui qui a rendu le jugement réformé*. (472, § 2.)

Cette faculté n'a rien de contraire à l'équité : pourquoi la Cour ne pourrait-elle pas se substituer un tribunal qui n'a pas été saisi de l'affaire, et qui dès lors est incapable de toute prévention, de toute idée préconçue?... Dans cet ordre d'idées, quelques jurisconsultes sont allés jusqu'à dire : La loi ayant eu principalement en vue l'intérêt des parties, ou plutôt l'intérêt de la partie à laquelle le jugement infirmé donnait gain de cause, la disposition de l'art. 472, qui parle d'un tribunal autre que celui qui a rendu le jugement infirmé, n'est point une disposition d'ordre public. L'incompétence du premier juge pourrait donc être couverte par le silence des parties. (Carré, Chauveau, n°s 1696 et 1696ter.) — C'est, me semble-t-il, une exagération véritable, et s'il est vrai que le législateur se soit, avant tout, proposé l'intérêt des parties, l'art. 472 a eu pour but de saisir la juridiction qui, entre toutes, était le plus à portée de faire justice : l'ordre public n'est donc pas étranger à la question. Il s'agit de compétence *ratione materiæ*. Le consentement des plaideurs ne saurait dès lors exercer une influence décisive. (Bourges, 29 janv. 1820.)

— J'ai toujours supposé, bien entendu, avec l'art. 472, que l'exécution était poursuivie entre les mêmes parties, c'est-à-dire entre les personnes seulement qui ont été parties au procès. Si des tiers se trouvaient impliqués dans les débats de l'exécution, l'art. 472 ne pourrait plus être appliqué. Autrement, en forçant des tiers à venir plaider, soit devant la Cour, soit devant le tribunal auquel la Cour aurait renvoyé l'affaire, on les priverait au premier cas du double degré de juridiction, et, au second cas, on leur enlèverait le bénéfice de leurs juges naturels, si le tribunal de renvoi n'était pas celui de leur domicile (Boitard, t. II, p. 284). Toutefois, il ne faut pas exagérer la portée de cette observation, et l'on doit se souvenir du principe déposé dans l'art. 548 Pr. Civ., qui déclare les jugements exécutoires contre les tiers nommément condamnés à faire quelque chose. Si donc un tiers, bien qu'il ne fût point partie dans l'instance, avait été personnellement condamné par l'arrêt d'une Cour Impériale à faire quelque chose, et si des difficultés naissaient au cours de l'exécution, ce serait à la Cour Impériale d'en connaître. (Arrêt de la Cour de Paris, du 23 août 1834.)

3° *Attribution spéciale de compétence.* — Il nous reste à mentionner diverses hypothèses où la loi attribue juridiction à certains tribunaux, sans avoir égard aux règles du droit commun que nous venons de poser (472, *in fine*). Même dans le cas d'une infirmation, la Cour Impériale ne peut plus alors retenir pour elle ou renvoyer au tribunal qu'il lui plaira d'indiquer la connaissance de l'exécution de son arrêt. Le législateur lui-même s'est chargé de désigner le tribunal compétent, et c'est nécessairement devant ce tribunal que doivent être portées les difficultés relatives à l'exécution.

C'est ainsi que dans les cas de demande en nullité d'emprisonnement, en expropriation forcée, en matière de société, de liquidation de succession, de partage, de faillite, de liquidation de communauté, de garantie, etc., la loi indique expressément le juge compétent et attribue juridiction spéciale.

Les exceptions dont nous nous occupons sont une à une écrites dans la loi : il ne peut dès lors y avoir aucune difficulté sérieuse à cet égard.

II. — Demandes des officiers ministériels pour frais faits devant la Cour, et des actions en désaveu.

Une des dispositions les plus sages et les plus équitables, parmi nos règles de compétence, est assurément celle qui assure au défendeur le droit d'être jugé par ses propres juges : tous les jours la pratique permet d'apprécier les avantages de l'axiome : « *Actor sequitur forum rei.* »

Avant tout, l'intérêt de la défense! Mais cet intérêt même, judicieusement entendu, ordonnait, dans quelques cas déterminés, une dérogation au principe que chacun approuve; et cette dérogation, nous allons avoir à l'étudier dans deux de ses applications.

1° L'art. 60, Pr. Civ., s'exprime en ces termes : « Les demandes formées pour frais par les officiers mi- « nistériels seront portées au tribunal où les frais ont « été faits. » Autrement dit, pour rentrer dans notre sujet : le paiement des frais faits devant une Cour Impériale doit être réclamé de prime-saut, et *omisso medio*, par l'officier ministériel auquel ils sont dus, devant cette Cour Impériale elle-même.

Un avoué près la Cour poursuit le paiement de ses dépens : il ne peut valablement saisir que la Cour même près laquelle il exerce.

Et quoi de plus raisonnable? Le client défendeur ne peut redouter aucun abus, car il est garanti par le pouvoir disciplinaire que la Cour exerce sur ses officiers ministériels, et, mieux que toute autre, cette juridiction est à même de régler avec exactitude le montant des frais réclamés. D'un autre côté, les poursuivants ont de cette façon une voie prompte et facile de se faire rembourser, sans être détournés de leurs fonctions. Bénéfice évident pour les deux parties!

Comprenons bien l'esprit de la disposition de l'art. 60. — Aucune difficulté n'est à craindre lorsque la demande de l'avoué ne porte que sur des frais soumis à la taxe, dus pour actes de son ministère; mais l'avoué, je le suppose, a donné des soins tout particuliers à une affaire, s'est imposé des démarches, des travaux tout spéciaux, dans l'intérêt de la cause qui lui a été confiée. Il a le droit, la jurisprudence le reconnaît, d'intenter comme mandataire *ad negotia*, et non plus à proprement parler comme avoué, une action en paiement de ces frais, dits extraordinaires. La compétence restera-t-elle la même et notre article sera-t-il applicable? Oui, a-t-on dit, parce qu'entre la demande relative aux émoluments alloués par le tarif et celle qui concerne les frais extraordinaires, il y a connexité manifeste. Ce second chef n'est même que l'accessoire du premier, et dès lors les mêmes juges statueront sur le tout. (Cass., ch. req., 10 août 1831.)

Mais cette solution suppose évidemment les deux demandes faites simultanément. Faudrait-il la modifier si la contestation ne portait que sur le chef accessoire? Les motifs qui ont guidé le législateur dans la rédaction de l'art. 60 semblent, a-t-on dit encore, se représenter avec la même autorité dans cette hypothèse et dicter une solution identique : aucun autre tribunal ne sera mieux que la Cour en position de statuer, puisque celle-ci a déjà connu de l'affaire. L'intérêt du défendeur et celui du demandeur réclament énergiquement une attribution exceptionnelle.

J'avoue que cette opinion me semble inconciliable avec

les termes dont se sert le texte. La loi parle, en effet, de demandes formées par les officiers ministériels, et du moment que nous envisageons l'action comme prenant sa source pour le demandeur, non plus dans la qualité d'avoué mais uniquement dans celle de mandataire salarié, *ad negotia*, nous sortons des limites posées par notre article. Les exceptions sont de droit étroit, et il n'est pas permis de les étendre : pourquoi dès lors ne pas rentrer dans le droit commun?

On considère encore comme accessoire à la demande, que l'avoué d'appel a formée de ses frais et salaires, celle qu'il a en même temps introduite en remboursement des honoraires par lui payés à l'avocat qui a plaidé devant la Cour. En conséquence, ces deux demandes peuvent être conjointement portées, *de plano*, devant la Cour d'Appel qui a jugé l'action principale. (Pau, 7 juin 1828.) Mais, comme dans le cas précédent, si la contestation n'avait rapport qu'au remboursement des honoraires, le droit commun reprendrait son empire. La Cour ne serait plus compétente, car l'avoué n'agirait plus comme officier ministériel.

C'est donc, nous le voyons, plutôt à la qualité de la créance qu'à la personne de l'officier ministériel que la loi s'est attachée pour trancher la question de compétence qui nous occupe. L'avoué eût-il cessé ses fonctions, sa créance resterait soumise aux mêmes règles; eût-il cédé sa créance à un tiers, ce tiers serait fondé à s'adresser directement à la Cour pour en obtenir le remboursement. Les motifs qui ont fait édicter l'art. 60 Pr. Civ., et surtout cet intérêt si grand pour le défendeur à s'adresser à la Cour qui est à portée d'apprécier en connaissance de cause, nous font un devoir de formuler ces solutions. (Paris, 3 octobre 1810 ; Caen, 15 mai 1843 ; ch. req., Cassat., 3 juillet 1844.)

Nous n'avons encore appliqué l'art. 60 qu'aux seuls avoués près la Cour : *quid* si des frais avaient été faits devant une Cour par d'autres officiers ministériels ?

La question ne peut naître qu'à propos des huissiers audienciers et des greffiers, seuls officiers ministériels qui, avec les avoués, soient attachés à une Cour Impériale : et les raisons de décider nous semblent les mêmes que dans notre hypothèse précédente. Le texte ne fait d'ailleurs aucune distinction et s'exprime au contraire de la façon la plus générale,

2° « Le désaveu, dit l'art. 356 Pr. Civ., sera toujours « porté au tribunal devant lequel la procédure désavouée « aura été instruite, encore que l'instance dans le cours « de laquelle il est formé soit pendante en un autre tri-« bunal. »

Investis de la confiance de l'autorité, les officiers ministériels (1) sont présumés avoir reçu mandat de ceux pour lesquels ils agissent, et si, pour un motif ou pour un autre, la personne qu'ils représentent désapprouve un acte de leur ministère, veut en poursuivre la nullité, elle doit recourir à une procédure particulière, organisée sous le nom de désaveu. — Mais précisons au plus vite, car tous les actes ne sont pas susceptibles de désaveu : ceux qui ne sont qu'une suite, une dépendance naturelle et nécessaire du mandat général donné à l'officier ministériel ne peuvent en être frappés, et, d'un autre côté, ceux qui ne peuvent émaner que de la partie elle-même ou

____

(1) La loi ne parle que des avoués ; toutefois, il est universellement admis que ses dispositions sont applicables aux huissiers.

d'un mandataire, muni de pouvoirs exprès, sont radicalement nuls si les formalités exigées ne se trouvent pas remplies. Aussi la loi n'énumère-t-elle que les *offres, aveux et consentements.*

Cela dit, il est facile de prévoir l'hypothèse que nous avons en vue : qu'une partie veuille désavouer une offre, un aveu ou un consentement hasardés dans une instance devant une Cour Impériale, c'est à cette Cour qu'elle devra s'adresser. Ne sera-t-elle pas, plus que tout autre tribunal, à portée d'apprécier et de juger?

Comme on le voit, le texte ne fait aucune distinction entre le désaveu principal et celui qui surviendrait incidemment, entre le cas où le procès, dans lequel s'est produit l'acte désavoué, est jugé ou ne l'est pas encore ; mais il exige, pour son application, un acte judiciaire, survenu dans le cours d'une instance. S'il s'agissait, par exemple, d'offres faites *en dehors de toute instance*, l'on rentrerait dans le droit commun, et le tribunal seul compétent serait celui du domicile du défendeur.

Le principe de cette attribution exceptionnelle ne souffre aujourd'hui que bien peu de difficulté. Mais M. Pigeau (t. I, p. 625) nous semble l'exagérer, quand il déclare que le désaveu d'un acte qui se rattache à un jugement de première instance, infirmé sur appel, doit être porté *de plano* devant la Cour d'Appel. Qu'adviendra-t-il, dit cet auteur, si le tribunal admet le désaveu ? C'est que peut-être, en anéantissant l'un des éléments de décision de l'arrêt, il anéantira l'arrêt lui-même. Ce sera une véritable réformation, et l'on ne saurait comprendre qu'en sa qualité de juridiction inférieure il pût s'arroger un droit semblable. — Sans doute, a-t-on répondu avec raison, l'arrêt de la Cour pourra, par une conséquence indirecte, tomber avec l'acte désavoué ; mais ce résultat ne proviendra pas d'un contrôle exercé par le premier juge sur la décision du juge d'appel. Qu'examine, en effet, le tribunal? L'action en désaveu seule, et non pas l'arrêt de la Cour qui se trouve placée au-dessus de lui, et qui d'ailleurs devait juger comme elle l'a fait, en se guidant sur les actes, encore réguliers, destinés à servir de base à son appréciation.

III. — Demandes nouvelles.

La logique semblait exiger que le juge d'appel ne fût institué que pour examiner la cause dans l'état même où elle se trouvait en première instance : « *an bené, an malè judicatum sit.* » Mais, dans l'intérêt de la vérité, le législateur s'est montré plus tolérant : il permet aux parties de présenter de nouveaux moyens pour soutenir leurs prétentions, et, comme le fait remarquer M. Carré (*Lois de proc.*, t. II, p. 215), l'appel n'est point seulement établi pour réparer les erreurs des premiers juges, mais encore celles qui peuvent échapper aux parties dans la discussion de leurs intérêts.

Les moyens nouveaux sont donc permis en appel. Devant la Cour, on peut parfaitement, je le suppose, justifier par des faits, par des titres nouveaux, le droit de propriété auquel on prétendait devant les premiers juges.

Est-ce à dire pour cela que les plaideurs peuvent en appel introduire une demande nouvelle, en autres termes, une demande non encore soumise à l'appréciation des tribunaux, non soumise aux premiers juges? Evidemment non : car autrement la règle des deux degrés de juridiction, aujourd'hui si bien établie en France, eût été véritablement trop facile à éluder.

Ce n'est donc que par exception qu'une Cour Impériale peut être valablement saisie d'une demande nouvelle, non encore soulevée et complètement intacte.

Voici comment s'exprime l'art. 464 Pr. Civ. « Il ne « sera formé, en cause d'appel, aucune nouvelle de- « mande, à moins qu'il ne s'agisse de compensation, « ou que la demande nouvelle ne soit la défense à « l'action principale. — Pourront aussi les parties de- « mander des intérêts, arrérages, loyers et autres accés- « soires échus depuis le jugement de premiere instance « et les dommages-intérêts pour le préjudice souffert de- « puis ledit jugement. »

A vrai dire, la demande nouvelle n'est autorisée que quand elle sert de défense à l'action principale : ainsi, tandis que le demandeur originaire n'est point admis à produire devant la Cour des prétentions nouvelles qui, si elles réussissaient, amèneraient la condamnation du défendeur, celui-ci est, au contraire, autorisé à formuler toutes celles qui peuvent le faire acquitter. La défense a paru plus favorable que l'attaque. N'exagérons rien cependant : quand le défendeur primitif a opposé une demande nouvelle aux conclusions de son adversaire, celui-ci n'a-t-il pas le droit, en réponse, de former une demande nouvelle à son tour? On ne saurait le nier, car les rôles changent entièrement, « *reus excipiendo fit actor.* » A l'égard des prétentions qui lui sont opposées, le demandeur originaire devient véritablement défendeur, et sa position serait trop défavorable s'il ne lui était permis de répondre aux coups que lui porte son adversaire en feignant de se défendre. Qu'on ne s'attache donc pas trop aux mots et aux apparences, mais plutôt à la réalité ; à tout moment, les plaideurs prennent des attitudes diverses. (Chauveau sur Carré, *Lois de la proc.*, n° 1674.)

La loi a-t-elle ajouté quelque chose en autorisant les demandes en compensation? Non, peut-on dire, puisque la compensation ne peut être qu'une défense, son admission n'aboutit qu'à une libération, et, dès lors, il y a redondance. Cette réflexion serait juste si la créance invoquée en compensation était inférieure ou égale à celle qui fait l'objet de la demande principale. J'ai été condamné en première instance à vous payer 4,000 fr.; en appel, je vous objecte pour la première fois que de votre côté vous me devez 2,000 ou 4,000 fr. Ma demande, quoique nouvelle, n'est au fond qu'une défense à votre action. — Mais si la créance invoquée en compensation est supérieure à celle qui fait l'objet de la demande principale, la compensation est bien plus qu'une défense, car elle ne tend pas seulement à l'acquittement du défendeur, elle tend à la condamnation du demandeur. La loi n'a pas voulu d'un fractionnement qui eût été si préjudiciable pour les parties; elle n'a pas voulu saisir partiellement un tribunal d'une demande qui eût déjà été partiellement soumise à l'appréciation d'une juridiction supérieure. Sa solution évite des frais et des lenteurs considérables, empêche une anomalie.

L'art. 464 parle enfin de loyers, d'intérêts, d'arrérages échus depuis le jugement, de dommages et intérêts encourus depuis le jugement : en réalité, ce ne sont point là des demandes nouvelles, mais de simples accessoires de l'action principale. Comme ils n'ont pris naissance que postérieurement à l'introduction de la première instance, postérieurement même à la décision du tribunal, les parties n'en pouvaient faire l'objet d'une prétention.

Des raisons de sage économie et de prompte expédition des affaires devaient d'ailleurs déterminer le législateur à permettre aux parties de les réclamer directement devant le juge du second degré. Toutefois, l'article 464 n'est que facultatif : libre au demandeur de rentrer dans le droit commun et de soumettre la question au premier, puis au second degré de juridiction.

Bien que la loi parle seulement des accessoires d'une origine postérieure au jugement, elle est évidemment applicable à ceux qui n'ont pris naissance que depuis la demande, mais avant que le tribunal ait statué. Ce sont toujours des accessoires qu'il convient de joindre à la cause.

Tel est donc le principe : si la demande nouvelle constitue un moyen de défense, elle est admissible.

Examinons spécialement la position du demandeur et celle du défendeur.

Quant au demandeur. — Avant de rechercher s'il peut modifier et en quel sens il peut modifier ses prétentions primitives, il faut d'abord être exactement renseigné sur la portée, l'étendue de ces prétentions. Ici déjà surgit un monde de difficultés : sur quoi se guider? Ce n'est pas aux premiers juges qu'il faut s'en rapporter : à cet égard, leur décision n'a point devant la Cour une autorité souveraine, puisque tout y est remis en question. S'ils ont omis de statuer sur un chef, s'ils ont mal apprécié la portée des conclusions, le droit de la partie n'en peut souffrir; et la Cour sera compétente pour statuer sur le tout, même sur ce qui aura échappé à la décision première. Il n'y a pas là de demande nouvelle.

Ce sont donc les conclusions mêmes du demandeur, au moment où a été rendu le jugement dont appel, qui doivent fixer l'étendue de la discussion devant la Cour. Or, mille moyens parfois de les interpréter : que de mots obscurs, élastiques, susceptibles d'être enflés à l'infini!..... Impossible d'entrer dans tous les détails, car les solutions varient avec les espèces : qu'il nous suffise de poser quelques règles générales.

Il résulte déjà de ce que nous avons dit, que l'on ne peut augmenter sa demande primitive, y ajouter quelque chef nouveau, si ce n'est pour des accessoires échus et pour le préjudice souffert depuis le jugement; la jurisprudence nous offre cent applications de cette vérité juridique.

Si l'on ne peut augmenter, peut-on diminuer la portée de sa demande? L'affirmative ne saurait être douteuse, car le plus contient le moins. Si en première instance j'ai réclamé 4,000 fr., il est trop clair que devant la Cour je puis restreindre mes conclusions et ne plus réclamer que 2,000 fr., sans pour cela former une demande nouvelle. (Merlin, *Quest.* v° Appel, § 14, art. 1, n° 1677-5°; Talandier, n° 367.) Faut-il des exemples ? Le demandeur déduit en appel le trentième du fonds par lui revendiqué devant les premiers juges (Cass., 5 prairial an V); ou bien : il poursuit en appel le droit de passer à pied et à cheval sur un chemin, alors que devant le tribunal il avait conclu au droit de passer avec voiture (Cass., 14 juillet 1824). Dans toutes ces espèces, la Cour Impériale est compétente pour statuer : l'art. 464 n'est pas violé.

Mais que dirons-nous dans le cas suivant, qui, aujourd'hui encore, soulève la controverse? En première instance, Primus a réclamé un droit de propriété; en appel, il conclut seulement à ce qu'il lui soit attribué un droit de servitude. Est-ce là substituer une demande à une autre, ou simplement réduire la demande originaire? — Tout se réduit, me semble-t-il, à la question de savoir si le droit de servitude est compris dans le droit de propriété. Je ne saurais en douter, en présence des termes si absolus de l'art. 544 du Code Civil, qui nous donne la définition du droit de propriété, et dès lors je réponds : Le droit de servitude n'étant qu'un élément, une partie du droit de propriété, il n'y a point introduction d'une demande nouvelle, mais une restriction pure et simple dans les conclusions originaires. Qui a tout d'abord réclamé le plus peut ensuite prétendre au moins.

Bien souvent il arrive que, tout en prenant de nouvelles conclusions devant la Cour, le demandeur ne diminue pas ses prétentions, et que pourtant il ne les augmente pas. Cette modification est-elle permise, ne rend-elle pas la Cour incompétente? Expliquons-nous. Paul a formé un recours contre son garant devant un tribunal d'arrondissement, afin d'être indemnisé de toutes les condamnations qui pourraient intervenir contre lui sur une action en rescision de vente. En appel, Paul ne formule plus les mêmes conclusions : il réclame à son garant la restitution du prix. Est-ce là une demande nouvelle? Évidemment non. Car, dans le langage juridique comme dans le langage usuel, une idée en renferme souvent une autre, plusieurs autres même parfois. La demande en restitution du prix était virtuellement comprise dans les conclusions premières : la modification apportée fixait, précisait davantage, mais elle ne changeait pas le fond des choses. C'est dans ce sens que l'art. 465 Pr. Civ. permet aux parties de changer et de modifier leurs conclusions. — Le juge d'appel aura donc à se livrer parfois à un travail d'analyse, à décomposer les conclusions de première instance pour voir si réellement il n'y a pas demande nouvelle et si, partant, il n'est pas incompétent.

Car si, par suite de la rectification, la situation du défendeur se trouvait aggravée ou même changée, l'article 464 reprendrait son empire. Dans ce sens, il a été mainte et mainte fois jugé que le demandeur ne pouvait procéder en appel dans une autre qualité qu'en première instance : c'est déférer aux juges supérieurs une question non encore soumise aux tribunaux. — De même, si l'on prenait devant la Cour des conclusions contre une personne à laquelle on n'avait rien réclamé devant les premiers juges, la solution resterait identique. Le double degré de juridiction est de principe.

Bien plus, si deux demandes tendent au même but, mais ont des causes distinctes, on ne peut substituer l'une à l'autre, remplacer l'une par l'autre, sans violer l'art. 464. Il faut, en effet, se garder de confondre les moyens dont on se sert pour soutenir une prétention, et qui peuvent être modifiés en appel, selon le bon plaisir des plaideurs, avec la cause sur laquelle repose cette prétention. Ceux-là consistent dans des considérations de fait ou de droit que l'on invoque, que l'on fait valoir pour motiver ses conclusions; celle-ci est comme le fondement et la racine de l'action. Le moyen est destiné à justifier une demande, la cause lui donne naissance. Ainsi, conformément à l'avis de M. Rodière, quand, en première instance, on n'a articulé, à l'appui d'une action en nullité d'une obligation, que le moyen de la violence, on peut être admis en cause d'appel à proposer les moyens tirés de l'erreur ou du dol. Ces trois genres de moyens peuvent être rapportés à une source commune, le vice de consentement. — Mais pourrait-on, devant la Cour, poursuivre la nullité de la même obligation en se fondant sur la lésion? Nous ne le penserions pas. Le but est le même : l'annulation du contrat; mais la lésion n'est pas un vice du consentement; la demande ne dérive pas du même principe dans les deux cas, la cause est différente.

De même un acte, attaqué devant les premiers juges dans sa forme et en pur droit, ne peut l'être en appel et pour la première fois, comme infecté d'erreur, de fraude ou de dol. (Rennes, 3 janvier 1817.) Et s'il existe quelques exceptions à cette règle, si notamment on peut, en tout état de cause, conclure à la prescription, au défaut de qualité, c'est que la loi l'a permis expressément (article 2264 C. N.), ou que l'ordre public s'y trouve directement intéressé. (Agen, 25 avril 1809.)

Quant au défendeur. — Nous connaissons la règle : toute demande nouvelle, qui sert de défense à l'action principale, peut être présentée devant les juges du second degré.

En présence de termes aussi larges et aussi généraux, la difficulté consistera seulement à voir si la demande nouvelle, intentée devant la Cour, n'est véritablement qu'une défense et rien de plus; ou si au contraire (nous exceptons le cas de compensation) elle ne constitue pas une demande reconventionnelle, n'ayant aucun trait à l'action originaire et tendant à faire condamner le demandeur, au lieu de repousser simplement ses attaques.

Nous supposons évidemment que, par son attitude en première instance, le défendeur ne s'est pas rendu irrecevable à invoquer la demande nouvelle qu'il formule en appel, car il est des dispositions spéciales dans le Code auxquelles l'art. 464 n'entend point faire exception. Ainsi, il est vrai que le défendeur peut, devant la Cour, offrir la preuve de faits non encore articulés; mais s'il avait laissé son adversaire procéder devant le tribunal à une enquête, sans protestations ni réserves et sans faire lui-même la contre-enquête qui lui était permise, il ne pourrait plus, en appel, alléguer des faits et demander à les établir. Ce serait un moyen d'éluder la déchéance prononcée par la loi contre la partie qui n'a point ouvert et terminé son enquête dans les délais prescrits. (Cassation, 18 avril 1821.)

Cet exemple suffit à préciser la portée de notre observation.

Resterait une question à étudier : l'art. 464 est-il d'ordre public? en autres termes, une Cour Impériale serait-elle incompétente, *ratione materiæ*, si, en dehors des cas autorisés par la loi, les parties lui soumettaient une demande nouvelle? Mais nous examinerons cette question sous une autre forme lorsque nous nous demanderons si le consentement des parties peut avoir pour effet de saisir valablement le juge supérieur d'une action non soumise au premier degré de juridiction.

IV. — Interventions.

Les demandes nouvelles n'étant pas, en principe, susceptibles d'être portées devant la Cour, les interventions y sont également défendues. En apparaissant pour la première fois en appel dans une cause déjà soumise à l'appréciation d'un tribunal, on eût privé son adversaire du bénéfice du premier degré de juridiction, et c'est ce qu'il fallait empêcher.

Toutefois, nous voyons la loi tolérer, par exception, les interventions formées par ceux qui auraient le droit de recourir à la tierce-opposition. (Art. 466 Pr. Civ.)

Pourquoi cette restriction? Il importait, a-t-il été ré-

pondu, qu'on pût terminer d'un seul coup des contestations connexes, en les soumettant aux mêmes magistrats.
(Merlin, *Rép.*, t. XVI, p. 531; Delaporte, t. II, p. 27;
Demiau, p. 331; Carré, art. 466, t. IV, p. 100.) Cette
faculté évite aux parties des lenteurs et des frais considérables, et prévient même un danger. Expliquons-nous :
en pur droit, il est évident qu'une personne ne peut
souffrir d'une décision rendue dans une instance à laquelle elle n'a point figuré. La règle : « *Res inter alios
judicata aliis nec prodest, nec nocet* » ne s'y oppose-t-
elle pas formellement?... Malheureusement, et c'est là un
exemple des difficultés innombrables qui mettent la théorie et la pratique en contradiction, malheureusement, en
fait, l'exécution d'un jugement ou d'un arrêt peut causer
aux tiers un préjudice des plus sérieux. Ainsi, Primus
avait déposé un objet mobilier entre mes mains; Secundus l'a revendiqué contre moi, et entre nous deux a été
rendu un jugement reconnaissant le droit de propriété
de Secundus, me condamnant à délaisser. Cette décision
ne doit pas nuire à Primus, car il n'a pas été appelé au
procès; mais s'il la laisse exécuter pour revendiquer ensuite l'objet contre Secundus, à quoi ne s'expose-t-il
pas? Son adversaire peut perdre, détruire, ou encore
vendre et livrer à des tiers de bonne foi la chose qu'il
possède, et, s'il est insolvable, tout recours contre lui
demeure illusoire. Comment parer à cet inconvénient?
Le tiers, a dit la loi, pourra recourir à la tierce-opposition : avant que l'exécution soit commencée, il poursui-
vra la rescision du jugement ou de l'arrêt qui lui préjudicie. Les magistrats, saisis de sa demande, auront même
dans certains cas le droit d'ordonner la suspension de
l'exécution.

Le remède était puissant, assez puissant même parfois, pour prévenir le mal, mais aussi il pouvait arriver trop tard. On a donc songé à mieux faire : la tierce-opposition n'était qu'une intervention après coup du tiers lésé ; on a créé une intervention antérieure à la décision, et partant plus opportune.

C'est cette intervention que l'art. 466 autorise : elle prévient la tierce-opposition.

A le droit d'intervenir quiconque pourrait former tierce-opposition. Or, qui peut former tierce-opposition ?

Quelques mots suffiront pour rendre la chose intelligible.

Celui-là seul qui se trouve lésé par une décision judiciaire à laquelle il n'était point partie.

Il faut donc, en premier lieu, qu'il y ait préjudice : sans intérêt sérieux, pas d'action. Mais, remarquons-le, en disant que celui-là seul a le droit d'intervenir qui pourrait employer la tierce-opposition, notre article entend parler évidemment de la tierce-opposition soit au jugement dont appel, soit à l'arrêt attendu. Il n'est pas besoin d'être lésé par la décision des premiers juges, et il suffit qu'un préjudice puisse résulter de l'arrêt à rendre : car l'appel a tout remis en question, un dommage est peut-être à craindre, et si réellement l'arrêt occasionne ce dommage, qui n'est encore qu'éventuel, il sera susceptible de tierce-opposition. N'est-ce pas l'hypothèse que prévoit le texte ?

En second lieu, le tiers opposant ne doit pas avoir figuré dans l'instance terminée par la décision qu'il attaque. Et qu'il n'y ait pas d'équivoque ! il ne suffit pas qu'il n'ait point été partie lui-même au procès, il faut encore qu'il n'y ait pas été représenté. Or, un mandataire conventionnel, légal ou judiciaire, tient la place de son mandant, l'auteur celle de ses ayant-cause, le débiteur de bonne foi celle de ses créanciers chirographaires; et si le tiers avait été légalement et valablement représenté par son mandataire, son auteur ou son débiteur, il ne serait plus vrai de dire que la décision lui est étrangère.

L'art. 466, il faut en faire la remarque, ne règle que l'intervention en cause d'appel, c'est-à-dire qu'il suppose déjà soumise au premier degré de juridiction la contestation qui sert de base à l'intervention. Il ne faut donc point en exagérer la portée; et s'il a été formé devant la Cour une de ces demandes nouvelles qu'autorise l'article 464, l'intervention à laquelle elle donnerait naissance serait complètement en dehors de l'hypothèse prévue. Comme le dit M. Chauveau sur Carré (n° 1697ter), les motifs qui ont fait édicter l'art. 466 cessent alors d'exister. L'intérêt du tiers intervenant n'étant pas né précédemment, puisqu'il s'agit d'une demande nouvelle, l'intervention devant les premiers juges était impossible. On ne saurait donc exiger de l'intervenant qu'il eût le droit de former tierce-opposition.

— En outre de l'intervention que prévoit l'art. 466, et qu'il permet à ceux qui pourraient recourir à la tierce-opposition, il est une autre intervention, dite forcée ou passive, dont le Code de Procédure ne parle pas, mais qui est fondée sur la nécessité et la force même des choses.

Toutes les fois, en effet, qu'un tiers, non appelé dans un procès, pourrait se plaindre de n'y avoir pas été partie et attaquer la décision par la tierce-opposition, les parties ont le droit incontestable de l'appeler en cause et de le contraindre à y intervenir. De cette façon, le jugement lui sera déclaré commun.

Ce droit peut-il être exercé pour la première fois devant la Cour?

Oui, répondrons-nous avec la majorité des auteurs, car ce tiers pourrait intervenir volontairement et priver ainsi ses adversaires du premier degré de juridiction ; il faut que, par corrélation, ceux-ci aient la même faculté. S'il voulait, d'ailleurs, exercer la tierce-opposition contre l'arrêt, ce serait la Cour elle-même qu'il saisirait de son action : il n'est donc pas rigoureusement vrai de dire qu'en le forçant à intervenir en appel on lui enlève le bénéfice d'un degré de juridiction. (Carré et Chauveau, *Quest.*, 1682 ; Favard, t. I, p. 185 ; Berriat, p. 768 ; Talandier, p. 302, n° 200 ; Thomine, t. I, p. 708.)

V. — Évocation.

Il y a loin du droit d'évocation, précisé, réglementé, que confère aux tribunaux d'appel l'art. 473 du Code de Procédure Civile, aux évocations qui, sous l'ancien droit, donnèrent lieu à des abus si monstrueux. La loi du 24 août 1790 a fait justice de tous ces priviléges de *committimus*, de *garde-gardienne*, par lesquels le roi octroyait jadis à ses officiers, à certaines corporations, la faveur de plaider devant tels ou tels juges déterminés et de distraire ainsi leurs adversaires de leurs juges naturels.

« Lorsqu'il y aura appel d'un jugement interlocutoire, « dit l'art. 473, si le jugement est infirmé et que la « matière soit disposée à recevoir une décision définitive, « les tribunaux d'appel pourront statuer en même temps « sur le fond définitivement, par un seul et même juge- « ment. Il en sera de même dans les cas où les tribu- « naux d'appel infirmeraient soit pour vice de forme, « soit pour toute autre cause, des jugements définitifs. »

L'hypothèse se conçoit aisément. Un tribunal civil a

rendu un jugement interlocutoire, ou bien, sur un incident, a statué définitivement : appel de sa décision est interjeté devant la Cour. La Cour réforme : si la cause est en état, elle pourra en même temps, c'est-à-dire, par l'arrêt même qui infirme, évoquer le fond et prononcer sur le tout.

C'est, on peut le dire d'une façon générale, une véritable dérogation au principe des deux degrés de juridiction ; car s'il est vrai que les parties auront été devant le tribunal, puis devant la Cour, les premiers juges ne se seront pas prononcés sur le fond. Bien plus, on ne considère même pas si le fond du procès est ou n'est pas susceptible, par son *quantum*, d'être soumis à l'appréciation de la Cour.

Quel est le motif de cette disposition exceptionnelle ? La loi a été guidée par l'intérêt des parties et par le désir de leur éviter des lenteurs et des frais.

Remarquons, en effet, l'expression dont se sert le législateur : « Les tribunaux d'appel pourront... » C'est une pure faculté, une simple latitude : si, dans leur sagesse, les magistrats du second degré estiment que l'esprit des premiers juges peut être indisposé, prévenu contre la partie qui a fait réformer leur décision, et si d'ailleurs les autres conditions exigées par l'art. 473 se trouvent remplies, ils évoqueront le fond de l'affaire et statueront sur le tout.

C'est en vain que MM. Boncenne et Chauveau ont cherché par une distinction à faire rentrer dans les principes du droit commun la disposition édictée dans l'art. 473. Le juge d'appel, ont-ils dit, ne peut faire que ce que le premier juge aurait dû faire et n'a pas fait. Si donc c'est par le fait ou l'erreur du juge de première instance que le fond n'a point été vidé, la Cour d'Appel peut évoquer, et de cette façon la cause aura subi les deux degrés de juridiction. Le tribunal s'est arrêté à tort à des moyens d'incompétence, de nullité; mais il pouvait, il devait statuer au fond. De même si son jugement est entaché de quelque vice de forme, car il pouvait et devait juger régulièrement. Si, au contraire, la cause qui a empêché le jugement du fond provient des parties; si, par exemple, l'exploit introductif était nul, si la demande était irrégulièrement présentée, le juge d'appel, réformant et prononçant la nullité de la demande, déclarée régulière par les premiers juges, ne peut évoquer le fond. Dans ce cas, en effet, le tribunal n'était pas valablement saisi et il ne devait pas statuer; le premier degré de juridiction n'est pas rempli et les demandes nouvelles sont prohibées. Voilà le sens de cette faculté laissée aux tribunaux d'appel.

Il est peut-être regrettable de ne pouvoir admettre une interprétation aussi ingénieuse; mais est-elle en harmonie avec les termes de notre article? Je crois que non. La plus entière liberté est accordée aux magistrats, sans qu'aucune différence soit établie entre l'hypothèse d'une erreur du juge et celle d'une faute de la partie.

Cela dit, voyons quelles sont les diverses conditions dont le concours peut seul donner naissance au droit d'évocation.

Il faut, en premier lieu, que la décision des juges inférieurs soit infirmée; mais peu importe la nature de cette décision, pourvu qu'elle ne statue pas sur le fond d'une manière définitive. Qu'il s'agisse donc d'un jugement interlocutoire ou incidentel, réglant une question de forme ou de compétence, le cas reste le même. C' n'est pas seulement en effet le souvenir d'une opinion déjà émise que la loi redoute : elle craint que le seul déplaisir d'avoir vu sa décision réformée n'indispose le tribunal contre l'appelant, et l'évocation tend principalement à protéger ce dernier.

Cela est si vrai, que l'évocation ne pourrait être ordonnée au profit de la partie qui soutient le bien jugé. Si, par exemple, le défendeur a interjeté appel d'un jugement ordonnant une preuve offerte par son adversaire, et si l'intimé, sans former d'appel incident, s'est contenté de demander la confirmation, le juge supérieur ne pourra, en réformant la décision dont appel, déclarer la preuve inutile et, évoquant le fond, proclamer le droit de l'intimé suffisamment établi. (Cass., 3 avril 1839.)

Peu importe également le genre des considérations qui motivent l'infirmation : la loi, en effet, s'exprime de la façon la plus large; elle prévoit la réformation « soit pour vice de forme, soit pour toute autre cause. » — Souvent on a soutenu que, si le jugement dont appel était infirmé pour incompétence *ratione materiæ*, l'évocation n'était pas possible. En effet, dit M. Berriat (p. 434, n° 113), la loi parle d'une décision *infirmée*, expression qui ne saurait s'appliquer à l'anéantissement d'une décision pour cause d'incompétence; et d'ailleurs, un tribunal, incompétent à raison de la matière, n'a pu statuer valablement; le premier degré de juridiction n'a donc pas été rempli. — Il suffit de répondre que le législateur, en employant le terme le plus étendu, en se servant du mot générique pour prévoir la réformation, a écarté toute espèce de distinction. Que, d'un autre côté, sa préoccupation n'a pas été de savoir si véritablement le premier degré de juridiction avait été rempli, puisqu'en écrivant l'art. 473 il dérogeait justement au principe des deux degrés (Merlin, *Quest.*, v° Appel, § 14, art. 1, n° 10-3°; Favard, t. I, p. 180, n° 7; Talandier, p. 410). Une jurisprudence imposante a consacré cette opinion.

Mais si toutefois le tribunal, compétent pour connaître de l'affaire sur laquelle a prononcé le jugement réformé, se trouvait situé en dehors du ressort de la Cour Impériale, la solution ne serait plus la même. Il est trop évident que la Cour ne peut évoquer que les affaires dont pourraient connaître les tribunaux placés dans son ressort, et l'art. 473 ne peut avoir pour but et pour résultat d'étendre la juridiction territoriale des Cours d'Appel. (Carré, *Lois de la proc.*, t. II, n° 1705; Merlin, *Quest.*, v° Appel, § 14, art. 1, n° 10-1°; Talandier, p. 434; Chauveau, n° 1702, § 4-2° et 1705; Denevers, vol. 1809, 1, 17.)

Il faut, en second lieu, que la cause soit en état d'être définitivement jugée.

La loi, du reste, ne nous dit point quand la cause doit être réputée en état, et là encore tout est laissé à l'appréciation des magistrats. Mais si, une fois l'évocation prononcée, il était besoin d'une instruction, d'un apurement ou même d'une simple discussion, la cause ne serait évidemment pas en état de recevoir une solution définitive. L'évocation et la décision sur le fond doivent effectivement, comme nous l'allons voir, être prononcés par un seul et même arrêt.

L'on dit et répète souvent en procédure que les conclusions mettent une cause en état d'être jugée : cette expression, qui pourrait donner lieu à quelque équivoque, doit être bien entendue. Il n'en résulte pas que du moment où des conclusions ont été prises au fond par les parties, l'évocation se trouve possible, car l'on ne saurait soutenir que dès cet instant toute instruction, toute explication, toute plaidoirie sont superflues. Les conclusions ont pour but de saisir le juge, mais c'est au juge d'étudier sa conscience, de consulter sa religion et d'examiner si, à ses yeux, l'affaire est suffisamment éclairée pour recevoir une solution définitive. C'est en vue de cette latitude, de ce pouvoir discrétionnaire, qu'il a été jugé qu'une cause se trouvait en état dès que des conclusions avaient été prises par l'appelant, l'intimé se bornant à conclure à la confirmation du jugement, sous réserve de ses droits au fond. (Cass., 4 février 1834.)

Que décider si aucune des parties n'avait plaidé ni conclu au fond? La Cour de Rennes, par un arrêt du 4 mars 1820, a déclaré que dans ce cas l'évocation n'était pas possible : encore faut-il, dit-elle dans ses considérants, que les parties mettent les juges à même de retenir la connaissance du fond par des conclusions et des plaidoiries. Cette appréciation me paraît exacte, et je ne puis admettre avec un arrêt de la Cour de Cassation, en date du 2 mars 1814, que l'évocation puisse être ordonnée d'office. L'art. 473, j'en conviens, confère aux juges, dans l'intérêt même des parties, un pouvoir d'appréciation des plus étendus; mais cette latitude ne peut prévaloir, me semble-t-il, contre le principe si raisonnable qui, en matière civile et commerciale, donne aux conclusions des plaideurs le privilége de fixer les limites et la portée de la décision de leurs juges.

Enfin, il est nécessaire que la Cour Impériale qui infirme statue par un seul et même arrêt.

Si le fond avait été jugé en première instance, l'effet dévolutif de l'appel conférerait aux seconds juges une juridiction pleine et entière, leur permettrait d'ordonner tous les apurements, toutes les mesures d'instruction. Mais quand il y a lieu à l'évocation, c'est-à-dire quand le fond du procès n'a pas encore été tranché, la loi veut au moins que les parties, qui sont privées d'un degré de juridiction, ne soient point exposées à des lenteurs et à de nouveaux frais.

Comprenons bien cependant le sens de notre article : il ne prétend pas que l'évocation sera impossible du moment que le juge d'appel aura prononcé une décision avant faire droit; il exige simplement que, par l'arrêt infirmant le jugement dont appel et prononçant l'évocation, le fond du procès se trouve définitivement tranché. C'est pourquoi la loi ne serait nullement violée si la Cour, saisie de l'appel d'un jugement interlocutoire, ordonnait préalablement une instruction préparatoire, une expertise par exemple, puis, par un seul et même arrêt, infirmait l'interlocutoire et statuait sur le fond. (Cassation, 22 décembre 1824.)

Les parties peuvent, du reste, dispenser la Cour de cette obligation de statuer sur la décision dont appel et sur le fond, par un seul et même arrêt. Un acquiescement exprès ou tacite de leur part serait souverain, et c'est à bon droit qu'il a été déclaré que si la Cour avait par un premier arrêt infirmé le jugement, et par un second prononcé sur le fond, sans aucune protestation de la part des parties, celles-ci ne seraient point recevables à attaquer cette procédure, en soutenant que l'art. 473 n'a point été appliqué. Leur silence équivaudrait à une approbation.

VI. — Règlement de juges.

Chacun connaît la condition première du règlement de juges en matière judiciaire : il suppose nécessairement une contestation, appelée conflit de juridiction, sur la question de savoir lequel de plusieurs tribunaux devra connaître d'une affaire.

« Il est difficile de s'occuper de ce sujet, disait le tri-
« bun Perrin dans son rapport à la séance du 14 avril
« 1806, sans s'applaudir de la simplicité, de l'uniformité
« qui existe dans la composition de notre ordre judi-
« ciaire et de la clarté des dispositions qui fixent la com-
« pétence des tribunaux. »

Et aucune réflexion ne paraît plus exacte quand on jette un coup d'œil rétrospectif sur les abus et les scandales de toute sorte que faisait naître la multiplicité infinie des anciennes juridictions, jalouses d'étendre les limites de leurs attributions et de franchir des portes mal closes par des lois dénuées de clarté et de vigueur.

A cet état de choses, que l'on a pu qualifier de véritable chaos, a succédé une admirable harmonie découlant tout entière de ce principe :

Le conflit se porte toujours devant le tribunal immédiatement supérieur et qui étend sa juridiction sur les deux tribunaux entre lesquels existe le conflit.

Lisons l'art. 363 Pr. Civ. : « Si un différend est
« porté à deux ou à plusieurs tribunaux de paix ressor-
« tissant au même tribunal, le règlement de juges sera
« porté à ce tribunal. Si les tribunaux de paix relèvent
« de tribunaux différents, le règlement de juges sera
« porté à la Cour Impériale. Si ces tribunaux ne ressor-
« tissent pas à la même Cour Impériale, le règlement
« sera porté à la Cour de Cassation. Si un différend est
« porté à deux ou à plusieurs tribunaux de première
« instance ressortissant à la même Cour Impériale, le
« règlement sera porté à cette Cour : il sera porté à la
« Cour de Cassation si les tribunaux ne ressortissent pas

« tous à la même Cour Impériale, ou si le conflit existe
« entre une ou plusieurs Cours. »

De là, il résulte qu'une Cour Impériale peut être appelée à statuer sur une demande en règlement de juges,
lorsque le conflit existe :

1° Entre deux juges de paix ne ressortissant pas au
même tribunal, mais placés dans son ressort;

2° Entre un juge de paix et un tribunal de première
instance ou de commerce de son ressort;

3° Entre deux tribunaux de première instance de son
ressort;

4° Entre deux tribunaux de commerce de son ressort;

5° Entre un tribunal de première instance et un tribunal de commerce de son ressort.

Mais qu'est-ce au juste qu'un conflit?

Le conflit peut être positif ou négatif.

Positif. — Quand une même affaire a été portée devant deux tribunaux différents, qui n'ont encore statué
ni l'un ni l'autre, ou qui se sont déclarés tous les deux
compétents, ou bien enfin, dont l'un s'est déclaré compétent et l'autre n'a point encore statué.

Bien plus : il n'est même pas nécessaire que les demandes soumises à l'appréciation des deux juridictions
soient identiques entre elles : il suffit qu'elles soient connexes. La lettre de l'art. 363 semble, il est vrai, ne
point prévoir cette hypothèse; mais pourquoi, dit-on
avec raison, enlever aux plaideurs un moyen de terminer
leurs contestations, et multiplier sans nécessité les frais
de deux procès dont la réunion est souvent indispensable
pour éclairer la justice, et qui ne présentent en réalité
qu'un seul litige? L'art. 171 du Code de Procédure
civile permet de demander le renvoi pour cause de connexité comme pour cause de litispendance : dans ce

dernier cas, la loi laisse expressément la liberté de choisir entre le déclinatoire pour incompétence et la voie du règlement de juges. Pourquoi n'en serait-il pas de même dans le premier cas? Les inconvénients, les dangers sont les mêmes : car si l'exception de connexité était rejetée, les parties pourraient se trouver en face de deux décisions contraires. (Berriat, p. 338; Pigeau, *Com.*, t. I, p. 635; Favard, t. IV, p. 794; Thomine, t. I, p. 374 et 375; Bourbeau, t. I, p. 353.)

Le règlement de juges peut donc être provoqué à l'occasion d'une question de litispendance et de connexité.

Prenons des exemples pour éclairer ce sujet : J'ai formé contre vous, et devant le tribunal de votre domicile, une demande en paiement d'une somme que je dis vous avoir prêtée. Avant que l'instance soit terminée, je vous assigne devant le tribunal du domicile d'élection en paiement des intérêts de cette somme..... Ou bien encore : Je meurs dans le cours du premier procès, et mon héritier, ignorant ce qui s'est passé, vous appelle devant le tribunal élu.

Il y a connexité dans la première espèce, litispendance dans la seconde. Au lieu de coter le déclinatoire, le défendeur pourra réclamer un règlement de juges, c'est-à-dire qu'il pourra s'adresser à un tribunal supérieur au lieu de soumettre son exception au tribunal second saisi.

Supposons qu'il oppose le déclinatoire et qu'il soit débouté. Que fera-t-il ensuite? Ici encore, il sera libre ou de proposer son exception devant le tribunal saisi le premier, ou de former une demande en règlement de juges, car le conflit existe toujours avec son caractère compromettant pour la justice et les plaideurs. Mais le défendeur préfère le premier parti; il plaide la litispendance ou la connexité devant le tribunal le premier saisi, et celui-ci se déclare également compétent. Une seule voie lui reste ouverte pour éviter la contrariété des jugements au fond, le règlement de juges.

Allons plus loin : supposons que le fond ait été déjà jugé, le règlement de juges pourra-t-il être encore invoqué?

Distinguons : si les deux tribunaux ont statué, pas de règlement à demander, car il n'y a plus d'instance. Ou les deux décisions sont identiques, et nul intérêt n'est compromis; ou elles sont contradictoires, et c'est le cas de recourir à la requête civile. (504, Pr. Civ.)

Si un seul tribunal s'est prononcé et que son jugement ait acquis l'autorité de la chose jugée, il n'y a plus qu'une instance : dès lors, plus de conflit. Quand le second tribunal aura statué, nous rentrerons dans la première hypothèse.

Mais dans le cas où le jugement rendu serait frappé d'appel, il y aurait bien deux instances et lieu dès lors au règlement de juges, pourvu toutefois que les deux causes fussent identiques et qu'il s'agît d'une litispendance : car si les deux causes étaient seulement connexes et ne pouvaient donner naissance qu'à une simple demande de jonction, les principes les plus élémentaires de la procédure s'opposeraient à la réunion des deux actions, dont l'une aurait déjà subi le premier degré et dont l'autre serait encore intacte. (Cass., 14 juin 1815.)

— La loi ne parle que des tribunaux de première instance; mais nous avons étendu l'article aux tribunaux de commerce, vu que la nécessité du règlement de juges est la même devant cette juridiction que devant les autres. (Lepage, p. 255; Carré et Chauveau, n° 1321; Pigeau, *Comment.*, t. I, p. 637; Favard, t. IV, p. 794;

Thomine, p. 575.) *Quid* pourtant si l'une des causes est pendante devant un tribunal de commerce, et l'autre devant un tribunal civil?

S'il y a litispendance, l'un des deux tribunaux sera nécessairement incompétent, *ratione materiæ*.....

S'il y a connexité, on ne peut attribuer à un tribunal civil la connaissance de matières commerciales, ou à un tribunal de commerce la connaissance de matières civiles.....

Il me semble dès lors que le règlement sera impossible, les principes de compétence s'y opposent. Au cas de litispendance, je déclarerais le déclinatoire seul au pouvoir des parties; et au cas de connexité, chaque tribunal devrait, selon moi, statuer de son côté. — Cette solution est dangereuse, j'en conviens; mais n'est-elle pas la seule juridique?

Négatif. — Lorsque deux tribunaux saisis d'une même contestation ou de deux demandes connexes ont refusé d'en connaître.

Paul assigne Pierre devant un tribunal civil; Pierre oppose l'incompétence et triomphe. Puis Paul porte son action devant un second tribunal qui se déclare également incompétent.

A vrai dire, les tribunaux ne sont plus saisis ni l'un ni l'autre, et l'art. 363 semble supposer le contraire pour l'application de sa règle; mais cette interprétation a paru trop rigoureuse pour être admise. Il faut que justice s'obtienne, et le règlement de juges pourra seul, dans certains cas, remédier à la difficulté. Je dis *dans certains cas*, car pour que le conflit négatif existe, il est nécessaire que les voies de recours ordinaires aient été épuisées; s'il en restait une seule à la disposition des parties, le règlement ne serait plus indispensable pour faire cesser le conflit.

Ajoutons que, sur les deux tribunaux qui ont proclamé leur incompétence, l'un au moins doit être en réalité compétent pour connaître de l'affaire : sans quoi il ne saurait y avoir lieu au règlement de juges. Cette procédure, en effet, n'a été introduite que pour réparer les erreurs des tribunaux ou les prévenir, pour suppléer à la loi impuissante ou méconnue, et non pour secourir le plaideur qui s'égare. (Bourbeau, t. I, p. 348 et 349.)

Comme on le voit d'après ces quelques détails sur le conflit, il importe peu, au point de vue de la compétence, que l'affaire qui donne lieu au règlement de juges soit ou ne soit pas susceptible d'être soumise à l'appel et de parcourir les deux degrés de juridiction : il importe peu que le jugement ou les jugements à intervenir soient de nature à être attaquables par la seule voie du recours en Cassation. Ces circonstances n'amènent aucune modification au principe, car c'est uniquement, ainsi que le dit M. Chauveau sur Carré (nº 1326bis), aux rapports hiérarchiques des tribunaux entre eux que la loi s'est attachée pour attribuer la juridition du conflit. (Conf. Bourbeau, t. I, p. 339 et 340.)

Néanmoins, il convient de le faire remarquer, il est deux hypothèses exceptionnelles où, pour fixer la compétence en matière de règlement de juges, la jurisprudence et les auteurs s'accordent à laisser de côté toute considération de ressort et de territoire. Aussi ces deux hypothèses sortent-elles du genre ordinaire des conflits; ce ne sont même pas des conflits à proprement parler, mais elles exigent pourtant un règlement de juges.

Devant une Cour ou une juridiction inférieure, une

partie a proposé une exception déclinatoire et demandé son renvoi devant un tribunal appartenant à un autre ressort ou devant une autre Cour. Elle a été déboutée de son exception : Y a-t-il lieu au règlement de juges? — Le Code de Procédure ne prévoit point le cas, a-t-on répondu, et il faut toujours supposer un conflit entre deux tribunaux saisis d'une contestation identique ou de deux demandes connexes... Cependant le règlement semble indispensable; autrement, qui empêchera la partie de le faire naître et de rentrer dans les termes du Code en saisissant le tribunal, qu'elle prétend seul compétent, avant que le jugement sur l'exception n'ait acquis l'autorité de la chose jugée? — L'ordonnance du mois d'août 1837, qui investissait jadis le Conseil du roi du droit de statuer sur toutes les demandes en règlement de juges, prévoyait justement l'hypothèse dont il s'agit. Aujourd'hui la Cour de Cassation a, en principe, remplacé le Conseil du roi dans cette matière : pourquoi ne serait-elle pas compétente dans notre espèce? L'art. 1011 Pr. Civ., il est vrai, déclare abrogés toutes lois, coutumes, tous usages et règlements antérieurs relatifs à la procédure civile; mais notre Code n'a eu pour but dans son titre 19, livre II, il faut le reconnaître, que de consacrer et de préciser l'innovation qui permettait de saisir les Cours Impériales et les tribunaux de certaines demandes en règlement; par là, il n'a pu évidemment vouloir limiter les attributions de la Cour suprême. (Conf. Favard, t. IV, p. 705; Carré et Chauveau, n° 1323; Bourbeau, t. I, p. 324.)

Le second cas est celui-ci :

Un tribunal a été supprimé ou ne fait plus partie du territoire français, à qui s'adresser pour obtenir la désignation du tribunal compétent?

A la Cour de Cassation, car, en sa qualité de juridiction suprême, elle doit intervenir pour éviter un monstrueux déni de justice. La force des choses le veut ainsi.

Autrefois, c'était également à la Cour de Cassation que revenait le soin d'indiquer un autre tribunal, lorsque le premier saisi ne se trouvait plus composé d'un nombre de juges suffisant, par suite de maladie, d'absence, d'abstention ou de récusation. Aujourd'hui, il est constant que les Cours Impériales du ressort ont hérité de cette mission; de même encore qu'il leur appartiendrait de désigner le tribunal de renvoi, si un tribunal de première instance avait été récusé par les parties pour cause de suspicion légitime, ou par le ministère public pour cause d'ordre public.

VII. — Prise à partie.

En réglementant la prise à partie, c'est-à-dire en limitant le recours personnel du plaideur contre ses juges, le législateur a dû prendre mille précautions pour sauvegarder le repos et la dignité des magistrats. Car s'il est juste que ceux-ci répondent, dans une certaine mesure, du préjudice causé par leur faute, ils devaient être protégés contre une liberté indéfinie pour les parties de leur demander raison.

Aussi non-seulement le Code s'est donné le soin d'énumérer un à un les cas d'ouverture de la prise à partie (505);

Non-seulement il établit une procédure spéciale dans le but de prévenir les plaintes inconsidérées et les calomnies scandaleuses (511 et suiv.);

Mais il a voulu changer les règles ordinaires de la

compétence et désigner les tribunaux chargés de statuer.

Dans aucun cas, les tribunaux de première instance ne seront appelés à connaître d'une prise à partie : une semblable demande a paru d'un caractère assez grave et assez exceptionnel pour que, *de plano*, elle fût soumise à l'appréciation des juridictions supérieures. Sa connexité avec une autre demande, dont serait valablement saisi un tribunal de première instance, ne suffirait pas pour faire fléchir le principe.

Quand les Cours Impériales sont-elles compétentes en cette matière?

L'art. 509 Pr. Civ. va nous le dire :

« La prise à partie contre les juges de paix, contre
« les tribunaux de commerce ou de première instance,
« ou contre quelqu'un de leurs membres, et la prise à
« partie contre un conseiller à un tribunal d'appel ou à
« une Cour d'Assises, seront portées au tribunal d'appel
« du ressort. La prise à partie contre les Cours d'Assises,
« contre les tribunaux d'appel ou l'une de leurs sections,
« sera portée à la haute Cour, conformément à l'art. 101
« de l'acte du 18 mai 1804. »

Ainsi qu'on le voit, c'est aux Cours Impériales et à la Cour de Cassation seulement qu'est attribué le pouvoir de connaître des demandes en prise à partie.

Sous l'empire des lois du 27 novembre 1790 et du 3 brumaire an IV, il fallait obtenir une autorisation de la Cour de Cassation avant de pouvoir intenter une demande en prise à partie, et c'était la Cour de Cassation qui, en autorisant la prise à partie, renvoyait l'affaire devant la juridiction compétente.

Aujourd'hui l'action peut être, *de plano*, intentée devant la Cour Impériale compétente, dans les cas énumérés par l'art. 505 :

1° S'il y a dol, fraude ou concussion qu'on prétendrait avoir été commis soit dans le cours de l'instruction, soit lors des jugements;

2° Si la prise à partie est expressément prononcée par la loi;

3° Si la loi déclare les juges responsables, à peine de dommages-intérêts;

4° S'il y a déni de justice.

Cet art. 505 déclare tout juge soumis à la prise à partie : que faut-il entendre par là? Sera-t-il applicable à tous ceux qui, dans une matière quelconque, ordinaire ou exceptionnelle, exercent une juridiction et rendent des jugements? aux membres par exemple des tribunaux administratifs ou militaires? Non, car malgré la dénomination générale de juges, notre texte n'entend nullement bouleverser le principe de la séparation des pouvoirs et les règles de compétence les plus fondamentales. — Mais ce que la loi dit des membres d'un tribunal civil ou de commerce ne doit-il pas être étendu aux prud'hommes? Oui, vu que la loi du 18 mars 1806 (art. 33) s'exprime en ces termes : « En cas de plainte en prévarication portée contre les membres du conseil de prud'hommes, il sera procédé contre eux suivant les formes établies à l'égard des juges. » Nous sommes donc bien dans les limites de l'art. 509.

Et par *juges* il ne faut pas seulement entendre les titulaires, c'est-à-dire ceux qui composent ordinairement un tribunal, mais encore ceux qui ne prennent ce titre et n'en exercent le pouvoir qu'accidentellement : tels que les suppléants, et même les avocats et avoués, appelés momentanément pour compléter le tribunal.

De même pour les membres du ministère public, bien qu'ils soient tout à la fois magistrats et agents du gouvernement. Les art. 112 et 271 Instr. Cr. les placent au niveau des juges proprement dits, en les déclarant expressément sujets à la prise à partie. Il faudrait à leur égard suivre les règles de compétence applicables aux tribunaux auxquels ils sont attachés.

Quant aux arbitres, on reconnaît qu'ils n'ont pas agi avec un caractère public (Merlin, v° Arbit., *Quest.*), ce ne sont que de simples mandataires, tenant tous leurs pouvoirs des parties qui leur ont confié le soin de statuer : pourquoi dès lors les soumettre à des règles exceptionnelles, et ne pas leur appliquer les principes du mandat?

VIII. — Requête civile.

Il n'est peut-être pas de matière où la nécessité d'une définition se fasse sentir d'une façon plus impérieuse : qu'est-ce que la requête civile? Assurément l'expression ne porte pas avec elle son explication.

« C'est, dit Pigeau, une voie extraordinaire qu'une « personne peut, en certains cas, employer contre un « jugement en dernier ressort, non susceptible d'oppo- « sition, et dans lequel elle a été partie, pour le faire « rétracter par le tribunal même qui l'a rendu, à l'effet « de faire procéder de nouveau à l'examen de l'affaire. »

Attachons-nous à ce mot : *rétracter*. Seul, il contient le principe de compétence applicable aux requêtes civiles. C'est au tribunal même qui aura prononcé la décision que devront être portées les réclamations. (Art. 490 Proc. Civ.)

Et rien de plus facile à justifier pour qui connaît les cas d'ouverture de la requête civile. Il ne s'agit pas, en effet, de laisser entendre aux juges qui vous ont condamné qu'ils ont mal apprécié les faits, mal appliqué le droit :

vous les mettez à même de statuer sur des bases nouvelles. Vous ne leur demandez pas une réformation, en les priant *de faire ce qu'ils auraient dû faire*, de reconnaître eux-mêmes leur incapacité et leur ignorance. Votre prétention est tout autre, car vous soutenez, je le suppose, que votre échec n'est imputable qu'à la perfidie, au dol de votre adversaire; que les formes prévues par la loi pour votre garantie n'ont pas été observées.

Nous n'avons pas à examiner quand il y a lieu à la requête civile : la question est la même au point de vue des arrêts qu'au point de vue des jugements, et il nous suffira de citer les art. 480 et 481 du Code de Procédure Civile, qui prévoient un à un les cas d'ouverture. Occupons-nous seulement des règles de compétence.

Dans le droit romain, nous trouvons déjà consacré, dans des cas déterminés, le pourvoi en rétractation de jugements devant l'auteur même de la sentence. (C. *Si ex falsis instrum. vel test.*; D., l. 75, *De judiciis*; D., l. 17, *De min. 15 ann.*; C. l. 4, *De re judic.*)

En France, plusieurs ordonnances organisèrent, — sous les noms de lettres de supplication, lettres de grâce ou de dire contre les arrêts, propositions d'erreurs, — des voies de recours analogues; et l'ordonnance de 1667, qui réglementa les formalités prescrites pour l'introduction et la poursuite de la requête civile, en renvoyait aussi la connaissance aux juges qui avaient rendu la décision attaquée.

Seule, la loi des 11-12 février 1791 changea le principe de compétence jusque-là en vigueur; non-seulement elle voulait que la requête civile fût portée devant un tribunal autre que celui dont on attaquait la sentence, mais, une fois que cette sentence était rétractée, elle confiait à un troisième tribunal le soin de statuer à nouveau sur la question primitive. On redoutait toujours, et quand même, l'influence d'une première décision sur l'esprit du juge qui l'avait rendue.

Le Code de Procédure de 1806 est revenu aux anciennes règles d'attribution, en cette matière : c'est désormais aux juges qui ont prononcé la sentence attaquée qu'il faut demander rétractation.

Concluons-en que les Cours Impériales seront compétentes pour connaître des requêtes civiles dirigées contre leurs arrêts. Dans une première instance, qu'on nomme le rescindant, la Cour saisie tranchera la question de savoir si la décision doit être rétractée, c'est-à-dire si la requête civile doit être entérinée, admise; et, dans le cas d'affirmative, une seconde instance, appelée le rescisoire, aura pour but de faire statuer sur la contestation principale, objet de l'arrêt rétracté. Dans cette seconde phase de la procédure, les parties se trouveront replacées dans la situation qu'elles occupaient tout d'abord : la question renaîtra tout entière, comme si déjà elle n'avait pas été jugée.

Que la requête civile soit principale ou incidente, c'est-à-dire soulevée en dehors ou dans le cours d'une autre instance, la règle d'attribution reste la même. Si donc, dans un procès pendant devant un tribunal de première instance, l'une des parties vient à produire contre son adversaire un arrêt de Cour Impériale susceptible de requête civile, la demande en rétractation de cet arrêt reste en dehors de la compétence du tribunal saisi de l'instance principale. Même dans ce cas, c'est à la Cour qui a statué qu'il faut s'adresser. — L'art. 26 de l'ordonnance de 1667, qui permettait au juge de l'instance principale de connaître de la requête civile dès là que les parties consentaient respectivement à accepter sur ce point sa juridiction, n'a point été reproduit dans notre Code de Procédure. Une telle disposition dérogeait sans nécessité au principe qui régit notre matière, et de plus avait l'inconvénient d'attribuer à un juge inférieur le droit de rétracter la sentence d'un juge supérieur. L'art. 491 Pr. Civ. dispose d'une manière absolue :

« Si une partie veut attaquer par la requête civile un
« jugement produit dans une cause pendante en un tri-
« bunal autre que celui qui l'a rendu, elle se pourvoira
« devant le tribunal qui a rendu le jugement attaqué :
« et le tribunal saisi de la cause dans laquelle il est
« produit pourra, suivant les circonstances, passer outre
« ou surseoir. »

Mais est-il nécessaire, comme sous l'ordonnance de 1667 (art. 22), que, dans le cas d'entérinement de la requête civile, le rescisoire soit porté devant la Chambre même qui a rendu l'arrêt attaqué?

Le Code ne l'exige pas, et la chose est d'ailleurs incompatible avec notre organisation judiciaire, puisque les magistrats siègent alternativement et à tour de rôle dans les différentes chambres : l'art. 502 Pr. Civ. exige seulement que le fond soit porté devant la « même Cour qui « aura statué sur la requête civile. »

Notons en passant que les Cours Impériales peuvent être appelées à connaître des requêtes civiles dirigées contre des décisions qui ne sont pas les leurs : je fais allusion à l'art. 1026 Pr. Civ. Les arbitres n'exerçant que des fonctions temporaires, qui cessent avec le jugement même de l'affaire à eux soumise, ne peuvent, à moins que les parties n'en tombent d'accord, connaître d'une requête civile dirigée contre leur sentence. Quelle juridiction sera compétente? L'art. 1026 nous le dit : celle qui pouvait connaître de l'appel.... La Cour Impériale dans le ressort de laquelle se trouve le tribunal qui a rendu l'ordonnance d'exequatur pourra donc être appelée à prononcer sur l'affaire.

De même, les sentences rendues sur appel peuvent être frappées de requête civile devant la Cour Impériale du ressort. — Car un arrêt peut être attaqué par requête civile, et la loi, nous l'avons vu, assimile les décisions arbitrales à celles qui émanent des tribunaux ordinaires. Pourquoi dès lors faire une distinction? Si l'art. 1010 Pr. Civ. déclare les sentences sur appel en dernier ressort, la requête civile ne créera pas un troisième degré de juridiction : la loi ne sera donc pas violée! — Cependant, pourrait-on dire, l'art. 1026 *in fine* attribue la connaissance des demandes en requête civile contre les sentences d'arbitres au tribunal même qui serait compé tent sur l'appel..... Cette règle n'est-elle pas inconciliable avec notre système? — Non; seulement l'art. 1026 ne peut régir que les sentences susceptibles d'appel : dans l'hypothèse où nous nous plaçons, le droit commun reprend son empire : et de même que la Cour connaît des requêtes civiles dirigées contre ses arrêts, de même elle peut statuer sur les requêtes civiles formées contre les sentences rendues sur appel.

IX. — Tierce-opposition.

Encore une voie de rétractation! Un tiers, c'est-à-dire une personne qui n'a point été partie dans une instance, se trouve lésé par un arrêt; à qui s'adressera-t-il pour obtenir la cessation de ce dommage? — On comprend qu'il ne peut craindre de porter sa réclamation devant les auteurs mêmes de la décision, puisqu'il n'a point été préalablement appelé devant eux, puisque c'est pour la première fois qu'ils entendront ses moyens.

Tel est aussi le principe : si donc une Cour Impériale a rendu un arrêt préjudiciable à un individu qui n'était point en cause, elle sera compétente pour statuer sur la tierce-opposition dirigée contre sa décision. (Art. 475, § 1, Pr. Civ.)

D'après le texte, cette règle n'est applicable que dans l'hypothèse d'une tierce-opposition principale, formée en dehors de toute autre instance pendante entre le tiers-opposant et son adversaire. S'il s'agit d'une tierce-opposition incidente, intervenue dans le cours d'une instance contre une décision dont l'une des parties prétend se prévaloir contre l'autre, la loi fait une distinction destinée à éviter des lenteurs excessives. Le tribunal saisi de la contestation principale est-il supérieur ou tout au moins égal à celui qui a rendu le jugement attaqué, il peut prononcer sur la tierce-opposition soulevée incidemment; au contraire, est-il hiérarchiquement inférieur, la connaissance de la tierce-opposition incidente n'est plus de sa compétence et doit être portée devant les juges, auteurs de la décision attaquée. — Il ne convenait point de laisser à des juges inférieurs le droit de réviser la sentence émanée d'une juridiction supérieure; une simple considération de promptitude et d'expédition ne pouvait prévaloir contre ce grand principe.

Mais avons-nous à nous préoccuper de cette distinction? Non, et pour une raison bien simple : en matière civile et commerciale, la Cour de Cassation seule se trouve placée au-dessus des Cours Impériales. Or, il est constant que les arrêts de la Cour suprême ne sont point susceptibles de la tierce-opposition; les tribunaux, dont les décisions pourront donner naissance à une tierce-opposition, au cours d'une instance pendante devant une Cour Impériale, seront donc toujours inférieurs ou bien égaux à la Cour saisie, qui dès lors pourra statuer.

Revenons à la règle de compétence en matière de tierce-opposition principale. C'est à la Cour Impériale qui a rendu l'arrêt attaqué, qu'il appartient de prononcer.

Que l'arrêt soit confirmatif ou qu'il soit infirmatif, la solution reste-t-elle la même? — Voici la raison de douter : en cas de confirmation, c'est la décision des premiers juges qui seule reste debout, consacrée par l'arrêt, mais maintenue avec ses premiers caractères. L'appel en avait un moment suspendu les effets; mais l'appel mis à néant, l'obstacle disparaît, et c'est même le tribunal qui tranchera les difficultés de l'exécution. Dès lors, peut-on dire, c'est aussi au tribunal que doit revenir la connaissance de la tierce-opposition dirigée contre elle (Carré, n° 1727; Pigeau, *Comment.*, t. II, p. 64). — Cette considération doit céder, me semble-t-il, devant cette maxime d'ordre public qui défend à un tribunal inférieur de réformer ou de paralyser une décision émanée d'un tribunal supérieur. La Cour a rendu un arrêt, le tribunal ne saurait être appelé à le rétracter. (Merlin, *Rép.*, t. VIII, p. 823; Berriat, p. 440, n° 4; Bioche, n° 81; Chauveau sur Carré, *Quest.*, 1727.)

Merlin soulève une autre question non moins délicate qui est celle-ci :

Deux parties plaident devant une justice de paix : il y intervient un jugement, dont l'une d'elles se rend appelante; le tribunal d'arrondissement prononce sur cet appel et infirme le jugement qui en est l'objet. Quelque temps après, un tiers se présente et forme tierce-opposition au jugement du tribunal. — Ce tribunal jugera-t-il la tierce-opposition à charge d'appel devant la Cour ou bien statuera-t-il en dernier ressort?

Merlin soutient que la Cour ne pourra être valablement saisie par voie d'appel, que, partant, le tribunal prononcera souverainement. — Les Cours d'Appel sont bien chargées, dit-il, de réviser les décisions émanées des tribunaux d'arrondissement, mais alors seulement que ces décisions ont été rendues en premier ressort et non pas sur appel. Autrement, il n'y aurait plus deux degrés, mais trois degrés de juridiction, ce qui est radicalement contraire aux notions les plus élémentaires en fait de compétence. (Chauveau, t. IV, *Quest.*, 1729, p. 207; Poncet, t. II, p. 137, n° 421.)

Il est un autre système auquel nous préférons nous ranger. — Il faut avec soin distinguer le jugement frappé de tierce-opposition et la tierce-opposition elle-même. Ce sont deux questions distinctes, ayant à la vérité bien des points de contact, bien des points communs, mais parfaitement indépendantes l'une de l'autre en ce qui concerne le ressort, c'est-à-dire relativement au côté sous lequel nous devons les envisager. L'objet du procès, terminé par le jugement attaqué, peut n'être susceptible que du dernier ressort, tandis que l'objet de la tierce-opposition comportera l'appel. Tout dépend des conclusions formulées dans l'une et l'autre demandes. Ces deux questions ainsi séparées, il s'agit d'examiner si la demande du tiers opposant est ou n'est pas du dernier ressort. Ainsi se résume la difficulté : si non, la Cour pourra être saisie de l'appel du jugement prononcé par le tribunal sur la tierce-opposition; si oui, le tribunal aura jugé souverainement. Et de cette façon la règle des

deux degrés sera respectée, un troisième degré de juridiction n'aura point été ajouté, puisque la question du
ressort naissait à propos d'une demande (celle de la
tierce-opposition) intentée pour la première fois devant
les tribunaux.

CHAPITRE II.

JURIDICTION GRACIEUSE.

I. — De l'Adoption.

Le contrat d'adoption était un acte trop grave pour
qu'il pût se former sans l'approbation de l'autorité judiciaire. La loi a voulu tout particulièrement le réglementer
et le soumettre à des formes qui fussent de nature à lui
conférer un caractère de solennité, tout en donnant à la
société d'efficaces garanties.

Et d'abord, c'est devant le juge de paix du domicile de
l'adoptant que se forme le contrat; c'est là que la personne qui se propose d'adopter et celle qui veut être
adoptée passent acte de leur consentement respectif. —
De ce moment, les parties sont liées par un engage-
ment; mais les tribunaux n'ont pas encore parlé, et,
pour que l'adoption soit définitive et régulière, il faut
qu'ils parlent.

En conséquence, aux termes des art. 354 et suiv. du
Code Civil, le tribunal de première instance du ressort
est saisi de la demande d'adoption, et, réuni en la
chambre du conseil, il vérifie si toutes les conditions de
la loi sont remplies, si l'adoptant jouit d'une bonne répu-
tation. Après quoi, sur les conclusions du procureur im-

périal, il prononce, sans énoncer de motifs : « *s'il y a lieu ou s'il n'y a pas lieu à l'adoption.* »

Dans le mois suivant, le jugement est soumis à la Cour Impériale du ressort, qui, instruisant dans les mêmes formes, décide simplement : « *le jugement est confirmé ou le jugement est réformé : en conséquence, il y a lieu ou il n'y a pas lieu à l'adoption.* »

La loi s'ingénie à ménager toutes les susceptibilités, parce qu'elle veut favoriser l'adoption. Tout se passe sans ostentation, en sorte que l'adoptant ne peut craindre de voir consigner dans un acte public des allégations de faits honteux ou reprochables, ou même de simples soupçons contre sa moralité. La question s'examine en chambre du conseil, et aucun considérant ne motive la décision. Ce n'est pas même en audience solennelle, mais en audience ordinaire que la Cour statue, et cependant, il faut le remarquer, il s'agit d'une question d'état civil.

Mais quand l'arrêt sera venu définitivement admettre l'adoption, les mêmes motifs de discrétion et de ménagement n'existant plus, la publicité sera poursuivie et elle viendra apposer son dernier sceau à la convention formée : les affiches, l'inscription sur les registres de l'état civil, feront connaître au public le changement important qui s'est manifesté dans la position des parties.

II. — De la Rectification des actes de l'état civil.

Lorsque la rectification d'un acte de l'état civil sera demandée, « dit l'art. 99 du Code Civil, il y sera statué,

« sauf l'appel, par le tribunal compétent et sur les con-
« clusions du procureur du Roi.... »

Le texte suppose qu'une personne ait intérêt à relever
une erreur ou une omission dans un acte de l'état civil :
à quel juge s'adressera-t-elle pour obtenir la rectification
qu'elle désire? Aux tribunaux civils, car seuls ils peuvent ordonner un changement dans les registres.

A cet effet, elle présentera requête au président du
tribunal compétent, et le jugement sera rendu, sur rapport, sur les conclusions du ministère public. (Art. 855
et 856 Pr. Civ.)

L'instance, comme on le voit, s'introduit et se poursuit d'une façon toute spéciale; il n'y a point de défendeur, point de contestation et point de condamnation.

De même, si la partie croyait avoir à se plaindre du
jugement et en relevait appel, la Cour Impériale saisie,
procédant d'une façon analogue, statuerait au gracieux,
sur rapport et sur les conclusions du ministère public.
— Une différence est pourtant à signaler : Le tribunal
prononce en chambre du conseil, car il a été saisi par
requête non communiquée; en est-il ainsi de la Cour?
Non, l'art. 858 ne laisse aucun doute à cet égard; c'est
en audience publique qu'elle rend son arrêt... Et le motif de cette dérogation est, dit-on, d'évidence : en première instance, le demandeur figurait seul, sans contra-
dicteur; en appel, il a comme un adversaire dans la
décision qu'il attaque et dont il poursuit la réformation.
Dès lors, l'affaire prend, pour ainsi dire, un caractère
contradictoire en même temps qu'elle devient plus solennelle. (Favard, v° Rectific. d'actes de l'état civ., n° 3;
Duranton, n° 344.)

— Ces quelques mots suffisent à nous donner une

idée de ce qu'est le plus souvent une procédure en rectification d'actes de l'état civil. Dans la plupart des cas, en effet, il n'y a point de défendeur au procès Si toutefois la demande intéressait des tiers, il serait indispensable de les mettre en cause pour que la décision à intervenir pût leur être opposée, et nous rentrerions dans le droit commun. — L'art. 856 Pr. Civ., dans un intérêt d'ordre public, donne même aux magistrats le droit d'ordonner d'office la mise en cause de ces tiers intéressés.

Reste la question si délicate de savoir quel est au juste le tribunal compétent, — celui dont la situation déterminera la Cour destinée à juger sur appel.

Si la rectification est demandée par voie de conséquence, incidemment à une action déjà existante, c'est au tribunal saisi de l'instance principale qu'il appartient de statuer : elle ne constitue alors qu'un accessoire.

Mais supposons-la poursuivie par voie principale : n'y a-t-il que le demandeur en cause, s'agit-il, par exemple, de corriger l'orthographe d'un nom mal écrit, de rétablir un prénom omis, sans que personne ait intérêt à s'y opposer? La compétence du tribunal, dans le ressort duquel a été passé l'acte à rectifier se trouve indiquée d'avance : quel autre que lui serait plus à même de vérifier et de prendre toutes les informations? — Y a-t-il au contraire des tiers à appeler au procès, la difficulté devient sérieuse. Appliquerons-nous la règle : « *actor sequitur forum rei,* » en portant la demande devant le tribunal du domicile de l'un des défendeurs, ou déciderons-nous encore que le tribunal dans le ressort duquel l'acte a été passé peut et doit seul connaître? En doctrine, les deux opinions ont leurs partisans : en pra-

tique, la seconde a prévalu. La loi ne fait, il est vrai, en
faveur de notre espèce, aucune exception au principe
qui régit les demandes personnelles; mais quelles seraient les conséquences de l'application de ce principe?
En premier lieu, la variété des domiciles des défendeurs
amènerait bien souvent des jugements en sens contraire
prononcés par des tribunaux différents : du moment que
l'on attribue compétence à un seul tribunal, ce danger
disparaît. Puis, quels seraient pour un tribunal éloigné
les moyens de se renseigner exactement sur la question
devant lui débattue, de vérifier des faits accomplis à
cent lieues de distance? La justice exige impérieusement
que la décision émane de ceux-là qui peuvent statuer en
connaissance de cause, — alors surtout qu'il s'agit d'une
matière aussi importante et touchant d'aussi près l'ordre
public.

III. — De la Réhabilitation des faillis.

Ouvrons le Code Commercial : là encore nous trouvons une hypothèse où la Cour peut être appelée à exercer sa juridiction gracieuse.

Aux termes de l'art. 605 C. Com., toute demande en
réhabilitation sera directement adressée à la Cour d'Appel
dans le ressort de laquelle le failli sera domicilié.

— Par le jugement déclaratif de faillite, le débiteur
est privé de l'exercice de ses droits politiques et frappé
de certaines incapacités civiles : la réhabilitation le réta-
blit dans tous les droits qui lui avaient été enlevés. De
plus, elle fait disparaître cette flétrissure morale qui s'attache au nom de celui qui a manqué à ses engagements ;
et c'est pour cette raison que la loi autorise expressément
la réhabilitation de la mémoire d'un failli décédé.

Autrefois, les lettres de réhabilitation étaient souvent accordées par les parlements; mais le pouvoir royal s'en rendit bientôt seul dispensateur. — Dans le premier projet du Code de 1807, les tribunaux de commerce auraient été seuls destinés à prononcer sur la réhabilitation en matière de faillite; dans le but de donner à la société et au failli une garantie de plus, on substitua la juridiction des Cours Impériales à celle des tribunaux de commerce. La loi de 1838 a conservé cette règle.

Le failli qui veut obtenir sa réhabilitation doit, avant tout, justifier du paiement intégral en principal, intérêts et frais, de toutes les sommes qu'il devait. Aussi joint-il à sa requête les quittances et autres pièces justificatives de sa libération. — Si c'est un banqueroutier simple (1), il doit de plus avoir subi sa peine, et les tuteurs, administrateurs ou autres comptables, doivent avoir apuré leurs comptes.

Le procureur général près la Cour prend communication de la requête, en adresse des expéditions de lui certifiées au procureur impérial et au président du tribunal de commerce du domicile du demandeur, et, si celui-ci a changé de domicile depuis la faillite, au procureur impérial et au président du tribunal de commerce de l'arrondissement où elle a eu lieu, en les chargeant de prendre tous renseignements utiles. Sur les conclusions du procureur général, la Cour statue et décide s'il y a lieu d'admettre ou de rejeter la demande en réhabilitation.

C'est en audience solennelle, deux chambres réunies,

____

(1) Le banqueroutier frauduleux n'est point admis à la réhabilitation. (Art. 612.)

que la Cour prononce; mais, notons-le, tout se passe sans contradiction, sans débat. Le failli n'est point entendu : si un créancier a formé opposition, il a pu fournir ses pièces justificatives, mais il n'est point admis à développer ses moyens de vive voix.

Si la demande est rejetée, elle ne peut plus, dit l'article 610, être reproduite qu'après une année d'intervalle.

SECONDE PARTIE

JURIDICTION PROROGÉE.

I. — Par les parties.

Les parties ne sauraient, par leurs arrangements, apporter des modifications bien considérables aux principes qui fixent la compétence des Cours Impériales, et la raison en est simple : pour la plupart, ces principes se rattachent à l'ordre public.

Supposons, en effet, que les plaideurs veuillent proroger la juridiction territoriale d'une Cour, la saisir d'une contestation dont la loi attribue la connaissance *à une autre Cour*. De deux choses l'une : ou l'affaire a déjà fait l'objet d'une instance, ou bien au contraire elle n'a point encore été soumise à l'appréciation des tribunaux.

Dans le premier cas, le procès n'est plus intact, la justice s'est prononcée, et l'intérêt de la société tout entière exige que les règles de la hiérarchie judiciaire soient observées. La question de ressort s'impose d'elle-même, et de sa solution dépend la détermination de la Cour d'Appel compétente. Tout se réduit donc à un examen géographique.

Dans la seconde hypothèse, il est facile de se convaincre qu'en raison même de la matière, *ratione materiæ*, il n'est point au pouvoir des parties de changer la disposition du législateur. Que l'on passe en revue les différentes demandes qui, de prime-saut et *omisso medio*, peuvent être déférées à une Cour Impériale, — exécution d'arrêt, règlement de juges, prise à partie, requête civile......, etc., — toutes, elles sont régies par des principes de compétence absolue. Il ne s'agit plus de garantie privée, d'avantage particulier auquel il est toujours loisible de renoncer : c'est l'intérêt général qui a servi de guide. Comment, dès lors, de simples conventions porteraient-elles atteinte à un semblable état de choses?

Reste à savoir si les parties peuvent au moins proroger la juridiction d'une Cour, non plus au point de vue du ressort ou de la situation territoriale, mais au point de vue de la nature même des affaires, et lui attribuer sur une contestation donnée une compétence plus étendue que celle dont la loi fixe les limites.

Si leurs arrangements devaient avoir pour effet de créer un second degré de juridiction dans une affaire qui, de sa nature, ne comporte que le dernier ressort, l'obstacle infranchissable que nous signalions tout-à-l'heure se dresserait encore devant elles. N'est-il pas de l'intérêt général qu'aucune autorité ne franchisse le cercle où son action a été circonscrite? La Cour serait dans l'impossibilité matérielle de statuer sur une cause qui a été jugée souverainement. (Toulouse, 19 août 1837.)

Mais si les plaideurs voulaient d'un commun accord, tacite ou exprès, renoncer au premier degré de juridiction, porter *de plano* leur différend devant la Cour d'Appel? — Posée dans ces termes, la question devient des plus délicates. La majorité des auteurs refuse aux parties le droit d'attribuer à une Cour Impériale la connaissance d'une cause non encore soumise au premier degré, et voici leur principale raison : Les Cours Impériales, disent-ils, ont été instituées surtout dans le but de prononcer sur appel. (Loi du 27 ventôse au VIII.) Il est vrai que dans certains cas la loi permet de les saisir directement; mais ce n'est que par exception, et le texte ne prévoit pas l'hypothèse dont il s'agit. — La Cour de Cassation (16 juin 1824) s'est décidée dans le sens inverse, et je préfère me ranger à son opinion. La règle des deux degrés me semble, en effet, établie dans l'intérêt exclusif des plaideurs, puisqu'il leur est toujours loisible de renoncer au second degré : pourquoi dès lors ne pourraient-ils pas de même se priver volontairement du premier? D'un autre côté, il est constant qu'en matière de demandes nouvelles le silence des parties suffit pour faire disparaître l'incompétence des Cours Impériales. Si, dans ce cas, la renonciation au premier degré de juridiction n'est pas contraire aux lois, elle ne peut être illicite dans l'hypothèse d'une demande principale. Ce système a l'avantage sérieux et incontestable de simplifier la procédure en épargnant des lenteurs et des frais, car il offre aux parties le moyen d'obtenir immédiatement une décision souveraine. La Cour est, du reste, toujours à même de se dessaisir d'office si elle juge nécessaire que le premier degré soit rempli au préalable (Cass., 11 fév. 1819), et de cette façon tout inconvénient disparaît. Il en sera comme des contestations entre étrangers, dont nos tribunaux peuvent à leur gré connaître ou se dessaisir.

II. — Par la Cour de Cassation.

Le législateur n'eût obtenu qu'un succès incomplet, s'il s'était contenté de fondre en une seule législation les institutions de toute nature qui jadis avaient en France force de loi. Il lui fallait encore assurer l'application uniforme des principes qu'il édictait, et, pour y arriver, le moyen le plus simple était peut-être de confier exclusivement à un tribunal suprême le soin de maintenir l'unité de jurisprudence et de fixer le sens des lois en annulant les décisions qui les violaient.

Telle est aussi la mission de la Cour de Cassation : veiller à l'application du droit et casser tous jugements ou arrêts en dernier ressort qui lui paraissent en contradiction avec nos dispositions judiciaires.

Mais son pouvoir ne s'étend pas plus loin : les faits échappent à son contrôle, et elle ne pourrait substituer à la décision qu'elle a mise à néant une autre décision qui terminât le procès. Elle renverse, démolit, sans édifier, sans reconstruire.

Soit donc un arrêt de Cour Impériale cassé : l'affaire reste entière, les parties sont remises en l'état où elles se trouvaient quand elles ont saisi la Cour Impériale : quel juge prononcera sur leur contestation?

Sous le règlement du 28 juin 1738, le Conseil du Roi, devant lequel se portaient les demandes en cassation de jugements ou d'arrêts en dernier ressort, pouvait à son gré retenir pour lui la connaissance du fond ou la renvoyer devant un autre tribunal qu'il indiquait. Aucune règle n'était prescrite à cet égard.

Plus tard, des dispositions expresses intervinrent sur ce point, et les lois des 2 brumaire an IV et 27 ventôse an VIII ordonnèrent que le renvoi fût fait devant un tribunal autre que celui qui avait rendu la décision cassée, mais néanmoins du même ordre. — De cette façon, la prévention des juges, qui déjà ont statué, ne peut être à redouter : et c'est en vue de cette considération, qui bien évidemment a guidé le législateur, que le renvoi devant une autre chambre du même tribunal ou de la même Cour ne saurait être admis. La loi s'exprime d'une manière générale; et d'ailleurs, il se pourrait faire qu'en vertu du roulement annuel la Chambre de renvoi fût en partie composée de magistrats ayant connu de l'affaire avant Cassation.

Toutefois, il a été jugé que l'incompétence du premier tribunal est simplement relative et susceptible de disparaître devant la volonté des parties, toujours à même de renoncer à la garantie qui leur est offerte.

— Mais la Cour de Cassation a parlé; elle a attribué à une Cour Impériale la connaissance du procès... Quelles sont les limites de la compétence de cette Cour de renvoi?

Et d'abord, peut-elle examiner si elle est compétente ou non pour retenir ou renvoyer l'affaire, suivant le sens de sa décision? L'affirmative me semble bien fondée, car il n'est point de juge qui n'ait le droit de prononcer sur sa compétence. Si donc elle pense qu'à raison de la matière ou de la qualité des personnes, elle ne peut connaître du fond, il est de son devoir de se dessaisir. (Loi du 2 avril 1837.)

Si, au contraire, sa compétence lui paraît démontrée, son premier soin doit être de respecter les termes du renvoi, en ce qui concerne les individus en cause et en ce qui concerne les chefs à juger. Ces termes sont, du reste, les mêmes que ceux de la cassation. La Cour de renvoi ne peut évidemment faire porter son appréciation que sur les chefs de l'arrêt cassés par la Cour suprême et relatifs aux parties qui se sont régulièrement pourvues. Quant aux dispositions non comprises dans le pourvoi ou maintenues par l'arrêt de Cassation, quant aux plaideurs qui ont laissé expirer les délais sans recourir à la voie qui leur était offerte, les nouveaux juges n'ont point à s'en occuper. (Cassation, 8 mars 1826; Amiens, 14 février 1840.)

Ainsi circonscrite, la juridiction de la Cour de renvoi est aussi vaste, aussi étendue que celle de la Cour dont la décision a été cassée; tous les droits, toutes les attributions qui appartenaient à celle-ci passent entre les mains de celle-là, ni plus ni moins. (Cassation, 18 janvier 1837.) On plaide devant elle à toutes fins : l'arrêt de Cassation a fait revivre tous les moyens des parties, même ceux qui n'ont pas été soumis à la Cour suprême ou à la première Cour Impériale.

Si le pourvoi avait été dirigé contre un interlocutoire, la Cour de renvoi pourrait, ce nous semble, à l'instar de la première Cour Impériale, évoquer le fond et user de l'art. 473 du Code de Procédure civile. — De même elle pourrait prononcer sur les demandes nouvelles qu'autorise l'art. 464 Pr. Civ.

Tout se réduit donc à ces deux propositions : se renfermer exactement dans les bornes prescrites par le renvoi, et se substituer à la première Cour Impériale.

Quant à l'arrêt à intervenir, peut-être ne sera-t-il point conforme à l'interprétation de la Cour de Cassation : il n'en est plus des décisions de cette Cour comme des anciens arrêts de règlement qui avaient force de loi. Dans ce cas, si les parties se pourvoient de nouveau et si la Cour suprême casse le second arrêt comme le premier (l'on sait qu'elle pourrait se déjuger et abandonner sa manière de voir), un nouveau renvoi sera prononcé, une troisième Cour Impériale saisie, et, alors seulement, la cause sera liée, et l'opinion de la Cour de Cassation fatalement consacrée.

III. — Par une autre Cour Impériale.

Il est possible qu'en exécution d'une règle toute d'é-
quité, la Cour Impériale se trouve en demeure de renvoyer devant une autre Cour la connaissance d'une
demande dont elle était régulièrement saisie, et qui par
sa nature rentrait dans les limites de sa compétence. —
Il résulte, en effet, de l'art. 368 Pr. Civ., que si l'une
des parties a trois parents ou alliés jusqu'au degré de
cousin issu de germain inclusivement, dans la Cour Impériale saisie, ou bien encore si elle compte deux parents
ou alliés au degré susdit, alors qu'elle est elle-même
membre de la Cour, son adversaire peut demander le
renvoi devant une autre Cour.

« Sans doute, disait M. Treilhard dans son exposé de
« motifs à la séance du 4 avril 1806, la majeure partie
« des juges, tous peut-être, sont capables de s'élever au-
« dessus de toute affection du sang et de toute considé-
« ration d'intérêt de famille; mais enfin la position d'un
« plaideur mérite, dans ce cas, d'être prise en considé-
« ration. »

Les récusations partielles étaient déjà en son pouvoir;
l'art. 368 lui offre le moyen de récuser un tribunal tout
entier, comme si, bien que descendus de leurs siéges,
les magistrats récusés pouvaient exercer une influence
sur l'esprit de leurs collègues.

Et la loi ne pouvait faire preuve d'une plus grande
sollicitude, car la généralité des termes qu'elle emploie
pour énumérer les conditions du renvoi est aussi absolue
que possible. — Aussi a-t-on toujours décidé qu'il n'y
avait point lieu de rechercher si les magistrats, parents
ou alliés de la partie, faisaient ou ne faisaient pas partie

de la même chambre. Dans un cas comme dans l'autre, puisque le texte n'établit aucune distinction, le renvoi peut être demandé; les sentiments de confraternité existent toujours entre membres d'une même Cour, et cette idée seule peut porter ombrage au plaideur.

— Quant aux pouvoirs de la Cour de renvoi, il est facile de pressentir quels ils sont : appelée à statuer au lieu et place de la Cour originairement saisie, elle en a toute la juridiction, et devant elle la procédure se poursuit suivant ses derniers errements.

— Le cas serait le même si, par arrêt de Cour suprême, une Cour Impériale avait été saisie d'une affaire portée primitivement devant une Cour qui aurait été récusée pour cause de suspicion légitime ou pour cause d'ordre public.

POSITIONS

DROIT ROMAIN

La preuve par témoins n'était pas permise contre un acte écrit dont la sincérité n'était pas contestée.

Il n'y avait pas de publicienne rescisoire, ou contre-publicienne.

Le possesseur *pro emptore* n'a la publicienne qu'autant qu'il a payé le prix ou satisfait le vendeur, à moins que celui-ci n'ait suivi sa foi.

Les lois 13 D., *De oper novi nunciat*, et 8, § 3, *Si servit vindic.*, relatives à la question de savoir à qui incombe la preuve dans l'action négatoire — sont susceptibles d'être conciliées.

Sous le système formulaire, l'exception *rei judicatæ* devait toujours être insérée dans la formule, même dans celle des actions de bonne foi.

DROIT FRANÇAIS

Code Napoléon.

Les contrats unilatéraux sont, comme les contrats synallagmatiques, résolubles pour inexécution des charges.

La séparation des patrimoines ne constitue pas un véritable privilège au profit des créanciers et des légataires.

— Le testament olographe ne fait pas foi de son écriture contre les héritiers *ab intestat* au profit du légataire universel qui a été envoyé en possession par ordonnance du président du tribunal.

— L'acceptation bénéficiaire n'emporte pas de plein droit la séparation des patrimoines.

— Une créance saisie n'est frappée d'indisponibilité que jusqu'à concurrence des causes de la saisie.

— Un droit n'est litigieux que quand il y a procès commencé.

— L'immeuble donné aux deux époux conjointement ne tombe pas en communauté.

— Le remploi accepté par la femme produit tous ses effets dès le jour même de l'acquisition faite par le mari.

— Lorsqu'un débiteur a renoncé à la prescription, ses créanciers ne peuvent l'opposer en son lieu et place.

Code Administratif.

L'imprimeur est libre de refuser son ministère.

Code de Procédure civile.

Les parties peuvent renoncer au premier degré de juridiction.

La maxime : Nul en France ne plaide par procureur, ne s'oppose pas d'une manière absolue à la représentation au procès du mandant par son mandataire conventionnel.

Code Pénal.

L'homicide commis sur la demande expresse de la victime ne constitue pas l'homicide volontaire, puni par l'art. 302 du Code Pénal.

Code Commercial.

Le commanditaire ne peut être contraint au rapport des bénéfices par lui touchés pendant la durée de la Société.

Léon RAVENEL.

Vu pour l'impression,

Le Doyen, Ed. BODIN.

Vu :
Pour le Recteur, l'Inspecteur
d'Académie délégué,
De CHATEAUNEUF.

Rennes — Imp. Catel.

Documents manquants (pages, cahiers...)
NF Z 43-120-13